VIAS DE
TRANSPORTE

Sobre o autor

João Fortini Albano é graduado em Engenharia Civil, Administração de Empresas e Administração Pública. Tem mestrado em Engenharia de Transportes e doutorado em Sistemas de Transportes e Logística, todos pela UFRGS. Foi engenheiro do DAER/RS, presidente do Conselho Municipal de Transportes Urbanos de Porto Alegre, coordenador da Câmara de Engenharia Civil e diretor do CREA-RS. É professor da UFRGS nas disciplinas de Rodovias e Tópicos Avançados em vias Rurais e Urbanas. Tem experiência na área de Engenharia Civil, com ênfase em transportes: modo rodoviário, meio ambiente, segurança viária, mobilidade urbana, projeto e construção de rodovias, pavimentação, estudos de tráfego, excesso de carga, engenharia de tráfego.

A326v	Albano, João Fortini.
	    Vias de transporte / João Fortini Albano. – Porto Alegre: Bookman, 2016.
	    vii, 200 p. : il. ; 25 cm.
	
	    ISBN 978-85-8260-388-8
	
	    1. Engenharia civil. 2. Transporte – Vias. I. Título.
	
	                                                                          CDU 656:62

Catalogação na publicação: Poliana Sanchez de Araujo – CRB 10/2094

JOÃO FORTINI ALBANO

Universidade Federal do Rio Grande do Sul

VIAS DE
TRANSPORTE

bookman

2016

© Bookman Companhia Editora Ltda., 2016

Gerente editorial: *Arysinha Jacques Affonso*

Colaboraram nesta edição:

Coordenadora editorial: *Verônica de Abreu Amaral*

Processamento pedagógico: *Lívia Allgayer Freitag*

Capa: *Paola Manica*

Editoração: *Clic Editoração Eletrônica Ltda.*

Reservados todos os direitos de publicação à
BOOKMAN EDITORA LTDA., uma empresa do GRUPO A EDUCAÇÃO S.A.
Av. Jerônimo de Ornelas, 670 – Santana
90040-340 – Porto Alegre – RS
Fone: (51) 3027-7000   Fax: (51) 3027-7070

Unidade São Paulo
Av. Embaixador Macedo Soares, 10.735 – Pavilhão 5 – Cond. Espace Center
Vila Anastácio – 05095-035 – São Paulo – SP
Fone: (11) 3665-1100   Fax: (11) 3667-1333

SAC 0800 703-3444 – www.grupoa.com.br

É proibida a duplicação ou reprodução deste volume, no todo ou em parte, sob quaisquer formas ou por quaisquer meios (eletrônico, mecânico, gravação, fotocópia, distribuição na Web e outros), sem permissão expressa da Editora.

IMPRESSO NO BRASIL
PRINTED IN BRAZIL

Apresentação

É uma grande satisfação e alegria saudar o livro *Vias de Transporte*. Inicialmente devo ressaltar tanto a propriedade e a qualidade da obra quanto a qualificação de seu bravo e competente autor.

O professor João Fortini Albano foi o responsável pela formação de gerações de engenheiros civis egressos da Escola de Engenharia da Universidade Federal do Rio Grande do Sul no que concerne à disciplina de rodovias, entre os quais me incluo. As instituições públicas e o mercado no Rio Grande do Sul e no Brasil são testemunhas inequívocas desta realidade.

Em um momento em que União, estados e municípios enfrentam situações de falta endêmica de recursos, nada mais oportuno do que trazer à tona as formas tecnicamente recomendadas de conceber vias de transportes, em seus diferentes modos, para garantir que cada real investido tenha o respaldo técnico adequado.

Neste contexto, o livro *Vias de Transporte* surge em um momento extremamente importante. O país carece de infraestrutura para sustentar seu desenvolvimento econômico e social. A adequada discussão das questões técnicas das vias de transporte é a única forma de assegurar a eficiência dos investimentos necessários, sejam eles públicos ou privados, e o atendimento correto das demandas da sociedade.

Um dos aspectos fundamentais para o desenvolvimento da sociedade moderna é uma boa infraestrutura sobre a qual a economia possa se desenvolver. A quantidade e qualidade das vias de transporte são fatores determinantes da eficiência e do sucesso econômico, assim como da qualidade de vida da população.

Este livro é uma contribuição importantíssima para a consolidação de conceitos técnicos. Sua utilização por profissionais da área certamente contribuirá para a mais ampla disseminação das boas práticas de projeto e construção de vias de transporte.

O texto está estruturado de forma a apresentar ao leitor uma ampla visão conceitual dos vários aspectos relacionados às vias de transporte. As discussões sobre traçado viário, perfil longitudinal do traçado e a classificação das vias trazem ao leitor informação sobre como apropriadamente tratar tais tecnicalidades, com uma linguagem simples e ao mesmo tempo robusta.

A discussão sobre vias urbanas também oferece uma visão tecnicamente abrangente das questões que diária e diretamente afetam milhões de pessoas nas cidades brasileiras. O tratamento correto de interseções, a sinalização viária e a integração das vias de transportes com o meio ambiente são também itens de fundamental relevância a serem apreciados e absorvidos pelo leitor. A atualidade da discussão proposta no livro inclui ainda a chamada "mobilidade virtual", que aborda a influência do crescente aparato tecnológico no padrão de mobilidade nas cidades e no transporte como um todo. A apresentação da forma como considerar estações, terminais e integração é também um ponto forte do livro. Finalmente, aspectos importantes do planejamento, contratação e das fontes de recursos para viabilizar a disponibilização de vias de transportes são igualmente discutidos.

As questões das vias de transportes são analisadas no livro com seriedade, profundidade e clareza, o que o caracteriza como um material fundamental de consulta para todos os envolvidos com este setor. Recomendo sua utilização como livro de cabeceira de quem direta ou indiretamente trabalha com transportes. Os alunos dos vários níveis de cursos de engenharia e arquitetura, bem como os técnicos das várias áreas correlatas terão uma excelente base de consulta e um apoio permanente para que as corretas decisões técnicas sejam tomadas.

Luiz Afonso dos Santos Senna, PhD
Professor Titular de Transportes
Escola de Engenharia da Universidade Federal do Rio Grande do Sul

Sumário

Capítulo 1
Introdução ao estudo das vias de transporte 1

Capítulo 2
Evolução das vias de transporte 13

Capítulo 3
Traçado viário 25

Capítulo 4
Perfil longitudinal da diretriz de traçado 49

Capítulo 5
Classificação das vias de transporte 63

Capítulo 6
Vias de transporte urbano 85

Capítulo 7
Interseções entre vias de transportes 107

Capítulo 8
Vias de transportes e meio ambiente 121

Capítulo 9
Noções de sinalização viária 135

Capítulo 10
Outras vias de transporte 155

Capítulo 11
Estação, terminal e integração 169

Capítulo 12
Planejamento, contratação e fontes de recursos 179

Referências 191
Índice 195

CAPÍTULO

1

Introdução ao estudo das vias de transporte

Você consegue imaginar uma sociedade na qual não haja o deslocamento de pessoas e de objetos? Provavelmente não, pois o transporte é fundamental para a realização de atividades sociais e econômicas.

Iniciaremos este capítulo abordando o conceito de transportes. Em seguida, discutiremos sua importância para, depois, falar sobre as características da atividade. A partir disso, compreenderemos a necessidade de um sistema de transportes estruturado. A seguir, veremos quais são as modalidades de transporte mais comuns, bem como suas características. Por fim, estudaremos aspectos da infraestrutura de transportes: o que é levado em conta nessa área, quais são os possíveis problemas resultantes de deficiências nesse quesito e a relevância de redes viárias bem planejadas.

Neste capítulo você estudará:

- A definição de transporte.
- As características dos transportes e sua importância para a sociedade.
- As partes constituintes de um sistema de transportes.
- As principais modalidades de transporte.

Transportes

Definição

Segundo Vasconcellos (2006, p. 11), o transporte

> [...] é uma atividade necessária à sociedade e produz uma grande variedade de benefícios, possibilitando a circulação das pessoas e das mercadorias utilizadas por elas e, por consequência, a realização das atividades sociais e econômicas desejadas.

É também bastante usual o entendimento de que transporte consiste em uma atividade meio que viabiliza, de forma racional e econômica, os deslocamentos para a satisfação de necessidades pessoais ou coletivas.

A palavra **transporte** vem do latim *trans* (de um lado para outro) e *portare* (carregar). Logo, pode-se entender que transporte é o deslocamento ou o movimento de pessoas ou de coisas de um lugar para outro.

Importância

O transporte é um dos mais importantes fatores de produção na economia e agente indutor de riqueza e desenvolvimento. Sua importância para os paí-

FIGURA 1.1   Exemplo de transporte na Idade Média.
Fonte: Dorling Kindersley/Thinkstock.

ses vai além da ligação entre as zonas produtora e consumidora. O setor de transportes:

- gera empregos;
- contribui para melhorar a distribuição de renda;
- reduz a distância entre a zona rural e a urbana; e
- melhora a qualidade de vida da população.

Portanto, um bom sistema e uma adequada infraestrutura de transportes é pré-requisito para o desenvolvimento de uma região. De uma maneira geral, países desenvolvidos têm uma boa infraestrutura de transportes. Falaremos mais sobre infraestrutura de transportes adiante, neste capítulo.

Importante

O transporte é o principal responsável pelos **fluxos de bens**, de forma eficaz e eficiente, desde um ponto fornecedor até os destinos pretendidos. Por isso, constitui uma grande parcela dos custos logísticos dentro da maioria das empresas e possui participação significativa na formação do PIB das nações.

Características

Uma das características inerentes ao transporte é que sua demanda é derivada, ou seja, não é um fim em si mesmo. As pessoas viajam a fim de satisfazer necessidades de trabalho, lazer, saúde e outras. O mesmo é válido para os movimentos de mercadorias. Por exemplo, a indústria recebe insumos para fazer os processamentos e as montagens. Após, os produtos acabados são transportados para os centros de consumo.

O transporte deve ser consumido quando é produzido, ou seja, não pode ser importado nem estocado para uso nas horas de maior demanda. Outra característica importante do transporte é que ele é um serviço, e não uma mercadoria.

É importante notar que o consumo de transportes provoca uma série de inconvenientes, também chamados de externalidades. São eles:

- Prejuízos provocados por acidentes.
- Tensão nervosa devido ao risco de acidentes.
- Poluição do ar, da água e do solo.
- Poluição sonora e vibrações do solo adjacente.
- Conflitos decorrentes da disputa pelo uso das vias.

- Congestionamentos, que acarretam perdas de tempo e consumo adicional de combustível.

Importante

Transporte não é só uma questão técnica. É também uma questão social e política, pois organiza o movimento de pessoas no espaço urbano e rural inseridas em uma sociedade complexa.

Além disso, o transporte demanda organização. Isso porque existem "milhões" de deslocamentos individuais utilizando um espaço limitado que deve ser dividido entre os usuários e seus mais variados e complexos interesses. Portanto, a existência de um sistema de transportes que organize esses deslocamentos é essencial. Esse é o tema da próxima seção.

Sistema de transportes

O sistema de transportes é constituído por um conjunto de partes ou subsistemas que interagem para atingir um determinado fim, de acordo com um planejamento. As partes constituintes do sistema de transportes são explicadas a seguir.

- **Vias** são os locais pelos quais transitam veículos e usuários: ruas, avenidas, rodovias, passeios, estradas, hidrovias, ferrovias, rotas aéreas, tubos, esteiras, etc. (veja um exemplo de via na Figura 1.2).
- **Veículos** são os elementos que promovem o deslocamento: automóveis, caminhões, motocicletas, bicicletas, elevadores, navios, aviões, helicópteros, trens, cavalos, etc.
- **Usuários** somos todos nós, nas mais diferentes configurações: pedestre, motorista, passageiro, motociclista, ciclista, transportador, etc.
- **Terminais** são os locais destinados para a realização das operações de carga, descarga e armazenamento de mercadorias.
- **Estações** são os locais que atendem às necessidades de embarque e de desembarque de passageiros, bem como de integração entre diferentes modalidades de transportes.
- **Operação do sistema** é a forma como os veículos e usuários utilizam uma rede de transportes, atendendo às condições de conforto e de segurança e às regras estabelecidas.
- **Meio ambiente** é tudo que envolve, cerca e afeta os componentes do sistema: chuva, sol, neblina, neve, noite, dia, vento, fumaça, poluição, ruídos, congestionamentos, acidentes, etc.

FIGURA 1.2 Rodovia pavimentada.
Fonte: Jupiterimages/Thinkstock.

--- **Importante** ---

Um bom sistema de transportes amplia as oportunidades para satisfazer às necessidades da sociedade. Ligações problemáticas, congestionadas ou mesmo insuficientes restringem os limites de desenvolvimento econômico e social.

Um sistema de transportes é ilustrado na Figura 1.3.

Modalidades

O modo ou a modalidade de transporte está relacionado com o tipo de veículo utilizado para fazer o deslocamento de pessoas e mercadorias. A escolha por um modo de transporte está fortemente vinculada ao seu custo e ao tempo de deslocamento. De forma geral, podem-se citar as seguintes modalidades de transporte tradicional:

- **Terrestre**: carros, caminhões, ônibus, trens.
- **Aquático:** navios, barcos.
- **Aéreo:** aviões, helicópteros.
- **Tubular**: gasodutos, oleodutos.

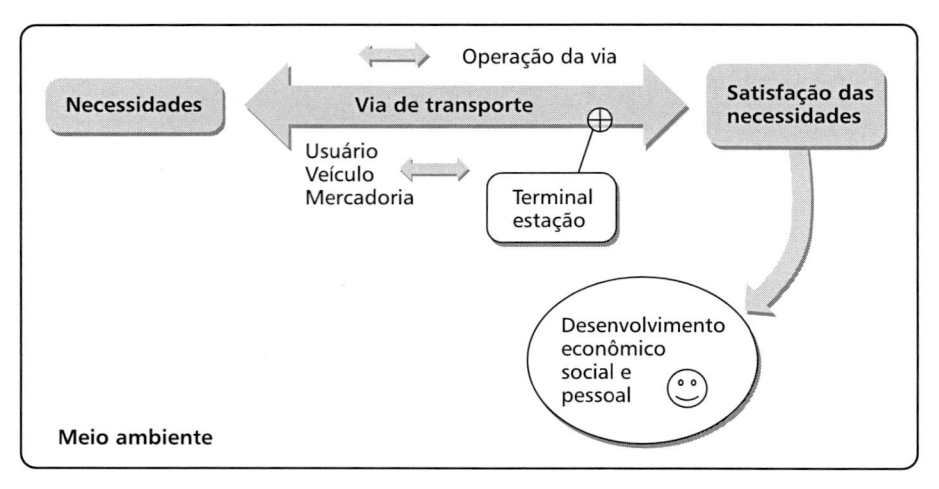

FIGURA 1.3 Síntese ilustrada de um sistema de transportes.
Fonte: O autor.

--- **Definição** ---

Transporte multimodal se refere aos deslocamentos de bens e pessoas que utilizam mais de uma modalidade de forma integrada. **Transporte unimodal**, por sua vez, envolve apenas uma modalidade de transporte.

A classificação das modalidades de transportes também pode envolver subcategorias de um ou mais modos de transporte tradicional supracitados. A seguir, serão descritas as modalidades mais comuns.

Transporte rodoviário

É um transporte terrestre cujos veículos se deslocam sobre estradas pavimentadas ou não pavimentadas. A propulsão predominante desses veículos é o motor à combustão interna, e os combustíveis são derivados da destilação do petróleo (gasolina, diesel e gás natural veicular [GNV]). Em menor proporção, existem outras formas de propulsão, como etanol, eletricidade e hidrogênio.

Os veículos de transporte rodoviário se distinguem pela finalidade do deslocamento, dividindo-se entre os de passageiros (passeio, ônibus, motocicleta e bicicleta) e os de carga (caminhões e camionetas).

--- **Dica** ---

O transporte rodoviário promove o retorno mais rápido dos investimentos feitos em infraestrutura viária. É econômico para pequenas e médias distâncias.

Transporte ferroviário

Também é um transporte terrestre. O veículo, uma composição ou trem também conhecido como material rodante, é constituído por uma locomotiva e vários vagões que transportam cargas ou passageiros. A propulsão pode ser a vapor, elétrica ou a diesel.

A circulação ocorre sobre trilhos compostos por ligas especiais de aço em uma estrada denominada via férrea ou via permanente. Essa designação tem uma razão histórica: no século XIX, foi o único modal a manter o transporte terrestre em operação com qualquer condição climática.

No Brasil, o transporte ferroviário é bastante utilizado para o deslocamento de grãos, líquidos e minérios a distâncias médias ou grandes.

Transporte aquaviário

Esse modo de transporte também é referido como hidroviário. O deslocamento ocorre sobre a superfície das águas, em canais navegáveis – rios (fluvial) e oceanos (marítimo) – com barcos e navios. O transporte fluvial está condicionado aos regimes dos rios e operações de dragagem e derrocamento sobre o leito que influenciam a navegabilidade. A propulsão é feita com motores a vapor e a diesel.

Com raras exceções, esta modalidade é utilizada quase que exclusivamente para transporte de mercadorias. O transporte marítimo é vocacionado para o transporte a grandes distâncias de produtos pesados, volumosos ou ainda menores, porém acomodados em contêineres, condição que confere à modalidade custos bastante competitivos.

Importante

O transporte aquaviário apresenta limitações, como lentidão e dependência de outros modos de transporte nas operações de transbordo e estocagem.

Transporte aéreo

É a modalidade na qual os veículos circulam no ar, mediante coordenadas geográficas. As vias são chamadas de aerovias ou rotas aéreas. Os aviões mais modernos possuem turbinas acionadas com propulsão por querosene.

O tráfego aéreo é controlado por pessoal especializado através do uso de equipamentos sofisticados que possibilitam segurança para as aeronaves e seus usuários. Modernamente, esta modalidade ampliou sua função de transporte de passageiros e está atuando também como transporte de cargas. Mercadorias com alto valor agregado (p. ex., aparelhos eletrônicos, flores e frutas) com dimensões e peso menores são transportadas de forma econômica por avião.

Transporte dutoviário ou tubular

Como modalidade de transporte, o transporte dutoviário ganhou importância a partir da exploração comercial do petróleo e da distribuição de seus derivados líquidos e gasosos. Nos últimos 20 anos, seu emprego evoluiu para o transporte de granéis sólidos, como o minério de ferro e o carvão mineral, que, misturados com a água, formam uma pasta fluida compatível com o deslocamento.

A via é constituída por uma sequência de tubos, geralmente metálicos, posicionados de forma judiciosa sobre o terreno. O traçado da via contém estações de bombeamento devidamente espaçadas e dimensionadas para dar continuidade ao fluxo.

Importante

No transporte dutoviário, inexiste o veículo no sentido comum do termo. Considera-se que a massa transportada age como se fosse o veículo.

Infraestrutura de transportes

Infraestrutura é o conjunto de atividades e estruturas de um país, estado ou cidade que servem de base para o desenvolvimento econômico e social. Podem-se citar como exemplos os seguintes itens:

- Sistemas de telecomunicações
- Usinas hidroelétricas
- Redes de distribuição de água
- Estações de tratamento de esgotos
- Estradas de rodagem
- Portos e aeroportos

Importante

A infraestrutura de transportes considera as vias de todas as modalidades e, ainda, as estações e os terminais necessários para a operação, a integração e o adequado e econômico deslocamento de bens e pessoas.

Veículos, passageiros e cargas não fazem parte da infraestrutura de transportes.

(a) Transporte aéreo.
Fonte: Top Photo Corporation/Thinkstock.

(b) Transporte dutoviário.
Fonte: cozyta/Thinkstock.

(c) Transporte ferroviário.
Fonte: zefart/iStock/Thinkstock.

(d) Transporte hidroviário.
Fonte: GBlakeley/iStock/Thinkstock.

(e) Transporte rodoviário.
Fonte: majana/iStock/Thinkstock.

FIGURA 1.4 Modalidades de transporte e veículos típicos.

Uma boa infraestrutura de transportes é fundamental para o desenvolvimento econômico. Deficiências na infraestrutura provocam maior consumo de tempo (questão sobre a qual falaremos com mais profundidade a seguir) e de combustíveis, bem como ocasionam aumento dos preços das mercadorias e do transporte de passageiros. Pode-se também referir infraestrutura das modalidades de transporte: rodoviária, ferroviária, hidroviária, aeroviária e dutoviária.

> **Importante**
>
> **Cálculo do tempo de deslocamento**
>
> Um parâmetro ao qual o usuário dos transportes deve ter atenção se refere ao tempo real do deslocamento dos passageiros e dos produtos. O tempo é um dos valores mais preciosos da modernidade. Assim, busca-se sempre o menor tempo ou a maior rapidez do deslocamento.
>
> Deve-se observar que o tempo a ser considerado é o de "porta a porta", ou seja, desde o fornecedor até o cliente, ou, no caso do passageiro, da moradia até o destino da viagem.
>
> Sob o ponto de vista da física e da matemática, pode-se apresentar o tempo de deslocamento com a seguinte relação:
>
> $$tempo = \frac{comprimento}{velocidade}$$
>
> Assim, para se reduzir o tempo de um deslocamento, deve-se, na medida do possível, avaliar a possibilidade de vias com menor extensão e a utilização de veículos e tecnologias que possibilitem o desenvolvimento de maiores velocidades.
> Porém, um aspecto fundamental que deve ser considerado ao se calcular o tempo de deslocamento é a variabilidade. Muitas vezes, a despeito de as mercadorias serem transportadas por um único modal, em uma mesma via, pode não existir uma precisa duração do tempo de entrega em razão alguns de aspectos, como causas climáticas, congestionamentos de tráfego, número de paradas, etc.

Rede viária

Um aspecto importante para a infraestrutura de transportes é a existência de uma boa rede viária. Uma rede (ou malha) viária é o conjunto de vias de transporte planejadas, construídas e conservadas com a finalidade de permitir a boa circulação de pessoas e de mercadorias: estradas de rodagem, estadas de ferro, hidrovias, rotas aéreas e dutos.

Podemos ver um exemplo de rede viária na Figura 1.5, que apresenta as estradas pavimentadas e não pavimentadas, as estradas de ferro, as hidrovias e os aeroportos de uma região do Rio Grande do Sul.

Para o estudo e a análise da importância de uma via e sua potencial contribuição para o desenvolvimento de determinada região, deve-se levar em consideração como ela se insere no contexto de funcionalidade da rede de vias da mesma modalidade. É importante considerar, também, sua integração com vias de outras modalidades de transporte.

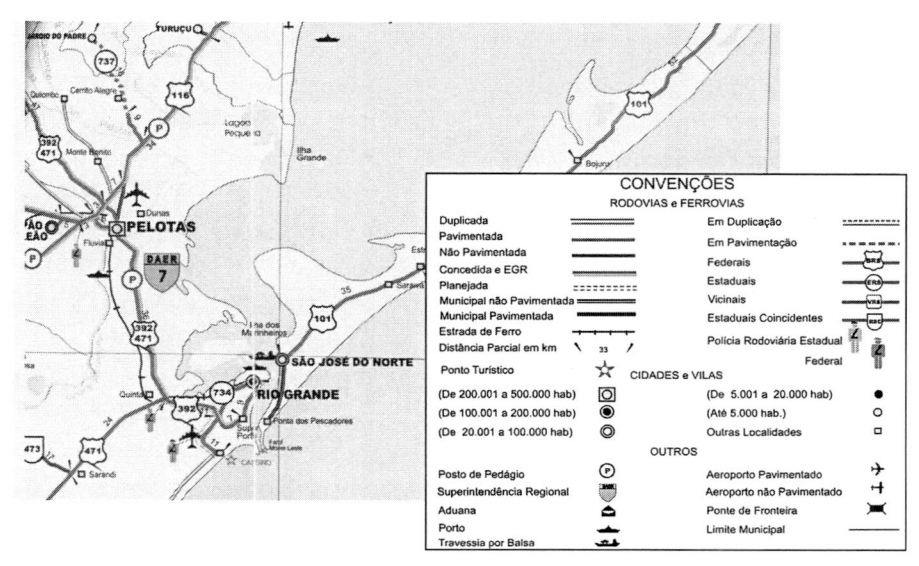

FIGURA 1.5 Rede viária na Região Sul do Rio Grande do Sul.
Fonte: Departamento Autônomo de Estradas de Rodagem (2014).

Importante

De nada adianta uma via isolada, sem conexão. É muito importante que ocorra uma inserção da via no contexto da rede viária, promovendo-se maior amplitude para os deslocamentos e as ligações entre os polos existentes.

A densidade e a qualidade das redes viárias são, muitas vezes, utilizadas como um indicativo do grau de desenvolvimento econômico da região em que se localizam.

Então, todo projeto ou planejamento de transportes que tenha a finalidade de introduzir melhorias para os usuários do sistema deve avaliar cuidadosamente a integração entre modalidades, a inserção de novas vias em um contexto de rede e a consideração da redução dos tempos de deslocamento.

Atividades

1. Pesquise e descreva três inovações dos últimos 50 anos que tenham trazido benefícios para o setor de transportes.
2. Como funciona a operação de um sistema de transportes?

3. Relacione a coluna da esquerda com a coluna da direita.

(a) Transporte rodoviário
(b) Transporte ferroviário
(c) Transporte aquaviário
(d) Transporte aéreo
(e) Transporte dutoviário

( ) No Brasil, é muito utilizado para o transporte de grãos.
( ) Trata-se de uma modalidade que vem se expandindo nas últimas décadas.
( ) Seus veículos se dividem entre os de passageiros e os de carga.
( ) Seus veículos trafegam por meio de coordenadas geográficas.
( ) Apresenta limitações derivadas da dependência de outros modos de transporte.

4. Busque, junto à prefeitura de seu município, o mapa da rede viária da cidade. Com base nele e em outras informações pertinentes, discuta a infraestrutura de transportes do local onde você reside.

CAPÍTULO

2

Evolução das vias de transporte

Como vimos no Capítulo 1, os deslocamentos sempre fizeram parte da vida do homem. Os primeiros meios de transporte foram a caminhada e o nado, motivados pelas necessidades básicas de sobrevivência. Mais tarde, os animais passaram a ser domesticados e facilitaram o transporte de cargas e pessoas.

Neste capítulo, vamos entender como ocorreu a evolução do deslocamento a partir da invenção da roda. Primeiramente, abordaremos o impacto da máquina a vapor no desenvolvimento de alguns dos principais meios de transporte que conhecemos atualmente (ferroviário, rodoviário, aquaviário e aéreo). A partir disso, estudaremos a evolução das vias de transporte, com ênfase nas estradas de rodagem, nas estradas de ferro que constituem as vias mais utilizadas para o deslocamento de cargas e pessoas.

Neste capítulo você estudará:

- A história dos meios de transporte.
- O salto depois da invenção da roda.
- A evolução da propulsão.
- A história das vias de transporte.
- A necessidade de vias trafegáveis.
- A importância pioneira das ferrovias.
- A grande expansão das rodovias.
- A situação atual de rodovias e ferrovias no Brasil e no mundo.

História do deslocamento: meios de transporte

O salto depois da invenção da roda

Então, num dia que a humanidade deve assinalar como um marco comemorativo e um dos mais solenes de sua história, alguém inventou a roda. Ela não apareceu em toda parte na mesma época. Surgiu na Mesopotâmia, 3 a 4 mil anos antes da nossa era, e suscitou imediatamente o aparecimento do carro de combate de duas rodas. (ROUSSEAU, 1946, p. 26).

A evolução da espécie humana indica que a utilização da roda ajudou a tornar os deslocamentos mais eficientes. A expansão das fronteiras na busca de alimentação e melhores terrenos para a agricultura e a criação foi incrementada pelo uso de **carroças** para o transporte de maiores quantidades de carga e de pessoas, vencendo distâncias mais longas.

A evolução da propulsão

Com a invenção da máquina a vapor no século XVIII, surgiram os primeiros meios mecânicos de transporte aquáticos e ferroviários.

No que diz respeito ao **transporte aquático**, as embarcações primitivas eram de pequeno porte, impulsionadas por remos ou pelos ventos, e contavam, muitas vezes, com a ajuda das correntes naturais. O grande salto foi dado pela introdução da máquina a vapor, no início do século XIX, quando o barco a vela foi substituído pelo vapor. Isso permitiu avanços como:

- seleção de rota;
- maior velocidade;
- aumento do porte das embarcações; e
- mais segurança no enfrentamento das condições climáticas adversas à navegação.

--- Importante ---

Hoje, os navios possuem grande capacidade unitária de transporte e os fluxos da modalidade representam cerca de 95% do comércio internacional, constituindo, assim, elemento indispensável da globalização.

Por terra, a máquina a vapor proporcionou o início do **transporte ferroviário**. Durante cerca de um século, essa modalidade de transporte cresceu e se expandiu sem qualquer possibilidade de competição, habituando-se a uma condição de monopólio que a manteve como único meio de transporte

FIGURA 2.1 Caravana do século XIII com apoio de camelos e cavalos.
Fonte: Peter Dennis/Thinkstock.

"moderno" e "eficiente" até o aparecimento dos veículos automotores, que impulsionaram o **transporte rodoviário**, no início do século XX.

Cerca de 20 anos após o surgimento dos veículos automotores, o desenvolvimento do motor a explosão possibilitou o aparecimento de outra modalidade, o **transporte aéreo**, utilizado inicialmente com finalidades militares.

FIGURA 2.2 O Titanic foi um navio de passageiros inglês que naufragou em 1912 após colidir com *iceberg* durante sua viagem inaugural.
Fonte: Corey Ford/iStock/Thinkstock.

História do deslocamento: vias de transporte

A história das vias de transporte começou há milhares de anos, no antigo Egito. De lá para cá, evidentemente, houve uma grande evolução, principalmente a partir da introdução dos trens e dos veículos automotores. Nesta seção, estudaremos essa evolução.

Na história

Marcos dos primórdios da história das vias de transporte

- A *primeira via de transporte* de que se tem conhecimento no mundo foi construída no Egito, cerca de 2.500 a.C., para as obras das Grandes Pirâmides.
- Entre os anos de 300 a.C. e 200 d.C., houve um *aprimoramento na construção de estradas* pelos romanos. Essas estradas tinham finalidades militares e comerciais e estavam por toda Europa e Bretanha.
- As *primeiras restrições oficiais devidas ao trânsito* foram formuladas por Júlio César, que proibiu o tráfego de veículos com rodas no centro da Roma Antiga. Na época, também havia *ruas de mão única* e *estacionamentos para carroças*.
- A maioria das *primeiras estradas carroçáveis* foi construída sobre trilhas indígenas, pois tinham localização de interesse e rampas mais suaves.

A necessidade de vias trafegáveis

Para refletir

Durante e após a ocorrência de chuvas, as antigas estradas ficavam intransitáveis devido à formação de barro. Por outro lado, nas ocasiões de estiagem, a formação de poeira era desconfortável e perigosa. Esses problemas impulsionaram os esforços para a busca de soluções que veremos a seguir. Apesar disso, ainda hoje observamos algumas situações similares.

Por quê? Pense nos motivos para a precariedade de algumas vias em pleno século XXI e liste possíveis maneiras de solucionar essa questão.

Na tentativa de produzir vias mais seguras e adequadas, em 1775, na França, o engenheiro Pierre-Marie-Jérôme Trésaguet foi o primeiro a apresentar a inovação de utilização de *uma camada de pedra com maior granulometria coberta com brita de menor granulometria*, formando uma camada de base "fechada" mais adequada ao tráfego da época. Trésaguet também reconheceu a importância dos serviços de *manutenção rodoviária*.

Na mesma época de Trésaguet, John Metcalf, na Inglaterra, foi o primeiro engenheiro a projetar estradas considerando a necessidade de um adequado *sistema de drenagem*.

No início do século XIX, foi introduzida, nos Estados Unidos, a *pavimentação com camadas de materiais granulares britados*, com base nos trabalhos inovadores dos engenheiros Thomas Telford (escocês) e John Loudon McAdam (inglês).

A importância pioneira das ferrovias

Em 1815, o engenheiro inglês George Stephenson, baseado em experiências anteriores, obteve seu primeiro êxito na *construção de locomotivas a vapor*. Dez anos mais tarde, na linha de 25 km construída entre Stockton e Darlington, Inglaterra, Stephenson lançou o *primeiro serviço comercial de passageiros*.

Importante

Desde o início dos serviços ferroviários comerciais de passageiros, houve um contínuo progresso, tanto na construção de vias mais sólidas e de melhor rolamento quanto no uso de outras formas de energia, como óleo combustível, óleo diesel e eletricidade. A princípio, a eletricidade era utilizada em corrente contínua; hoje, é usada com corrente alternada monofásica de 25.000 volts.

Com o crescente número de trens circulando, surgiram os primitivos sistemas de *controle semafórico e telegráfico*, que evoluíram até os modernos sistemas informatizados de *controle total dos trens* e de sua movimentação em amplas extensões de território, inclusive com uso de satélites.

A grande expansão das rodovias

Governar é construir estradas.

(Célebre frase do presidente Washington Luiz Pereira de Souza, dita em 1930)

As rodovias começaram a surgir simultaneamente com a produção em série de veículos automotores e destacaram-se por atingir mais usuários e promover um retorno mais rápido do investimento público do que outras modalidades de vias de transporte. Elas já nasceram integradas a outras modalidades, por serem vias permanentes de uso universal. A evolução da fabricação do automóvel, do ônibus e do caminhão exigiu uma infraestrutura viária básica adequada.

Dica

Rodovias necessitam de menor especialização e, comparativamente, de menos investimentos em obras e terminais, embora à custa de operações mais caras.

A partir de 1913, desenvolveram-se rapidamente *técnicas construtivas de estradas*. Mais tarde, disseminou-se o uso do *cimento Portland* e do *asfalto* como materiais de construção.

No Brasil

Em 1891, Henrique Santos Dumont, irmão de Alberto Santos Dumont, trouxe de Paris para São Paulo o *primeiro carro* que viria a circular no Brasil. Era um Peugeot com motor Daimler de patente alemã.

Em 1921, foi inaugurada a *linha de montagem da Ford* em São Paulo. Em dezembro do mesmo ano, foi criada pelo Governo Federal a *Diretoria de Obras Públicas*, uma inspetoria de estradas de rodagem que estabeleceu normas para o estudo, a construção, a conservação, a segurança e o policiamento das estradas de rodagem.

FIGURA 2.3 Veículo do início do século XX.
Fonte: Thinkstock Images/Stockbyte/Thinkstock.

Em 1930, começaram a ser implantadas, nas estradas brasileiras, as *placas de sinalização* para aumentar a segurança dos usuários. Em 1937, foi criado o *Departamento Nacional de Estradas de Rodagem (DNER)*, atual *Departamento Nacional de Infraestrutura Terrestre (DNIT)*, que engloba a gestão de rodovias e ferrovias em todo o território nacional.

Importante

Em 1950, o Brasil contava com uma rede de 968 km de rodovias federais pavimentadas. Quase meio século depois, em 1999, o país possuía 164.244 km de rodovias pavimentadas sob a gestão de todas as esferas de governo.

Chegando aos dias de hoje

Por rodovias

Curiosidade

Os países que possuem as maiores redes de rodovias e vias urbanas são os Estados Unidos, a Índia, o Brasil, a China, o Japão e a Rússia.

A evidência da opção por rodovias em grande parte do mundo e no Brasil é grande:

- Em todo o mundo, cerca de 80% dos passageiros deslocam-se por ruas e rodovias.
- Na América Latina, 80% dos passageiros e 60% das cargas deslocam-se sobre rodovias.
- No Brasil, 96% dos passageiros e 60,5% do volume de cargas são transportados por rodovias.

No Brasil

Para refletir

Qual é a situação geral das rodovias federais, estaduais e municipais no estado em que você reside? Busque essas informações junto ao departamento de infraestrutura de transportes do estado em que você mora, discriminando a quantidade de rodovias pavimentadas, não pavimentadas e planejadas.

De acordo com dados oficiais do Departamento Nacional de Infraestrutura Terrestre (2015b), o Brasil possuía, em setembro de 2015, um total de 1.720.733,7 km de rodovias federais, estaduais e municipais pavimentadas, não pavimentadas e planejadas, discriminadas conforme a Tabela 2.1.

O gráfico da Figura 2.4 fornece uma visualização da carência de rodovias pavimentadas no Brasil.

O Instituto Brasileiro de Geografia e Estatística (IBGE) informa que a estimativa da população brasileira era de *202.768.562 habitantes* em julho de 2014 (INSTITUTO BRASILEIRO DE GEOGRAFIA E ESTATÍSTICA, 2014). Já de acordo com informações do Departamento Nacional de Trânsito (DEPARTAMENTO NACIONAL DE TRÂNSITO, 2015), em maio de 2015, a frota no Brasil era de 88.405.610 veículos automotores (a discriminação por tipos é mostrada na Tabela 2.2). Com essas informações, pode-se compor a taxa de motorização do Brasil, que é de 2,3 habitantes/veículo. No Brasil a taxa de motorização varia desde 1,2 habitantes/veículo em Curitiba até 3,6 habitantes por veículo em Salvador.

Tabela 2.1 Demonstrativo da situação das rodovias brasileiras

Situação	Porcentagem (%)	Extensão (km)
Pavimentadas	12,3	211.169,9
Não pavimentadas	78,6	1.352.029,7
Planejadas	9,2	157.534,1
Total	100,0	1.720.733,7

Fonte: Departamento Nacional de Infraestrutura Terrestre (2015b).

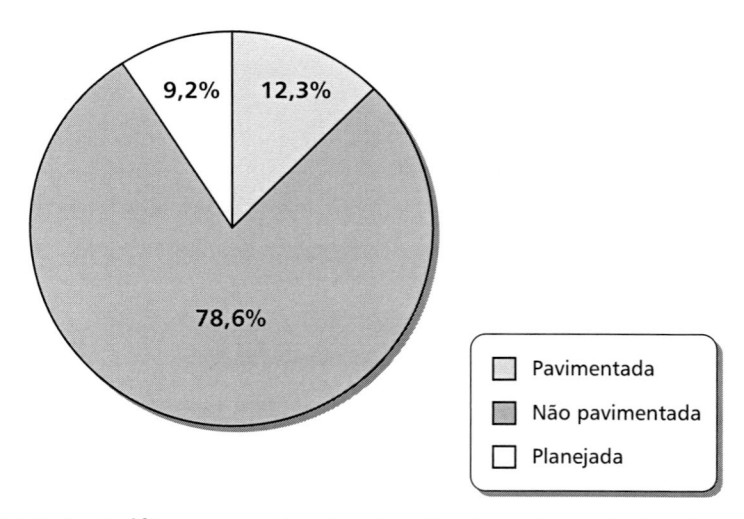

FIGURA 2.4 Gráfico comparativo das situações das rodovias do Brasil.
Fonte: Adaptado de Departamento Nacional de Infraestrutura Terrestre (2015b).

Tabela 2.2 Participação de veículos na frota brasileira

Tipo de veículo	Porcentagem na frota (%)
Automóvel	55,2
Caminhão	6,0
Ônibus	1,1
Motocicleta	26,6
Outros	11,1

Fonte: Departamento Nacional de Trânsito (2015).

Por ferrovias

Nos dias de hoje, encontramos o transporte ferroviário em todos os cantos do mundo. A evolução tecnológica tem permitido a produção de estradas de ferro para trens modernos que atingem uma velocidade de até 320 km/h, como os trens de alta velocidade (do francês, *train à grande vitesse*, TGV), por exemplo.

Dica

Apesar de o mundo estar atravessando uma revolução técnico-científico-informacional, as ferrovias continuam sendo de grande valia, em decorrência da capacidade de transportar uma quantidade muito grande de carga de uma só vez, algo que não ocorre, por exemplo, no transporte rodoviário. Além disso, o custo por tonelada transportada pelo meio ferroviário é baixo, entretanto, os valores para a construção e a conservação de ferrovias são elevados.

A utilização de trens varia entre os países. Nos Estados Unidos e na Rússia, por exemplo, a maioria dos fluxos de cargas ocorre por meio das ferrovias. Na parte ocidental da Europa, as ferrovias também têm seu uso bastante difundido, tanto para o transporte de cargas quanto para o de passageiros.

No Brasil

Para refletir

No Brasil, diferentemente de alguns países desenvolvidos, as rodovias são muito mais utilizadas do que as ferrovias, tanto para o transporte de cargas quanto para o de passageiros. Por quê? Algo vem sendo feito para alterar essa situação?

A rede de ferrovias no Brasil é formada por pouco mais de 30.100 km. Chegou a possuir mais de 34.200 km, porém, sucessivas crises econômicas e a falta de investimentos em modernização, aliadas ao crescimento do transporte rodoviário, fizeram com que parte da rede fosse desativada. Além disso, as grandes dificuldades decorrentes dos trechos de trilhos com bitolas diferentes e sem interligação com os sistemas regionais levaram ao abandono de muitos trechos em favor da construção de estradas de rodagem.

Importante

Atualmente, com a política de concessões à iniciativa privada, já se observa um aumento de investimentos no transporte ferroviário, particularmente em infraestrutura, superestrutura e material rodante.

Recentemente, com a política de concessões, em 1997, o cenário ferroviário brasileiro começou a mudar. Desde o início da política de concessões até 2010, o crescimento de carga geral foi de 112%, chegando a 57,3 bilhões de toneladas por quilômetro útil (TKU). Destacam-se as cargas de minério de ferro e carvão mineral. Outro benefício obtido foi a redução no índice de acidentes, que caiu para pouco mais de um terço no mesmo período (1997–2010), ficando próximo aos padrões internacionais.

Para concluir

A história das vias de transporte não é recente, mas sua evolução foi mais acentuada nos últimos séculos, em grande parte devido a criações possibilitadas pela máquina a vapor. No século XIX, as ferrovias começaram a difundir-se, mas foi com a expansão dos veículos automotores que grandes massas da população passaram a deslocar-se com mais facilidade.

Mesmo nos dias de hoje, com as revoluções tecnológicas, o transporte ferroviário apresenta algumas vantagens. Apesar disso, essa modalidade é pouco utilizada no Brasil (cenário que vem se alterando lentamente em decorrência da política de concessões). A maioria dos passageiros e a maior parte das cargas são transportadas por rodovias. Atualmente, no Brasil, a carência de uma adequada infraestrutura viária ainda é um dos maiores desafios dos gestores públicos, problema enfrentado também por outros países em desenvolvimento e subdesenvolvidos.

Atividades

1. Com relação aos meios de transporte surgidos após a invenção da máquina a vapor, considere as alternativas a seguir.

   I As embarcações a vapor propiciaram maior segurança diante de condições climáticas adversas em relação aos barcos a vela.

   II O transporte ferroviário era considerado o único meio de transporte eficiente até o surgimento dos veículos automotores.

   III O transporte aéreo foi utilizado primeiramente com finalidades de deslocamento de passageiros.

   Qual(is) é(são) a(s) correta(s)?

   (a) I e II.
   (b) II e III.
   (c) Apenas a I.
   (d) Todas as alternativas estão corretas.

2. Sobre os primeiros esforços para construir vias mais adequadas, correlacione os nomes à esquerda com as inovações à direita.

   (1) Pierre-Marie-Jèrôme Trésaguet   ( ) Tratou(aram) da importância da pavimentação com camadas de materiais granulares britados.

   (2) John Metcalf   ( ) Considerou(aram) a necessidade de um sistema de drenagem adequado.

   (3) Thomas Telford e John Loudon McAdam   ( ) Introduziu(iram) o uso de uma camada de brita de menor granulometria por cima de uma camada de pedra de maior granulometria.

   Qual alternativa apresenta a sequência correta?

   (a) 3 – 1 – 2
   (b) 2 – 3 – 1
   (c) 1 – 2 – 3
   (d) 3 – 2 – 1

3. Com relação à expansão das rodovias no Brasil, marque **V** (verdadeiro) ou **F** (falso).

   ( ) O inventor brasileiro Alberto Santos Dumont trouxe o primeiro carro para o Brasil, em 1891.

   ( ) As primeiras placas de sinalização foram instaladas nas estadas brasileiras na década de 1930.

( ) O DNIT foi criado em 1937, sendo substituído, posteriormente, pelo DNER.
( ) Em 1999, a rede de rodovias no Brasil era mais de 170 vezes maior do que em 1950.

Qual alternativa apresenta a sequência correta?

(a) F – V – F – V
(b) F – F – V – V
(c) V – F – V – F
(d) V – V – F – F

4. Marque a alternativa correta no que diz respeito à situação atual das rodovias e ferrovias no Brasil e no mundo.

(a) Em relação à América Latina como um todo, o Brasil transporta uma porcentagem menor de passageiros por rodovias.
(b) Mais de 3/4 das rodovias brasileiras não são pavimentadas.
(c) Os custos de construção e conservação de ferrovias são baixos.
(d) Atualmente, a rede de ferrovias no Brasil tem a maior extensão desde o início da instalação de ferrovias no país.

CAPÍTULO 3

Traçado viário

Ao planejar a criação uma nova via de transporte, é preciso, antes de tudo, decidir onde ela será posicionada. Para isso, vários aspectos devem ser levados em conta, e eles serão abordados neste capítulo.

Primeiramente, abordaremos os conceitos de traçado viário, estudo de traçado e diretriz de traçado. Veremos que o estudo do relevo é essencial para o planejamento do traçado viário, e, por isso, repassaremos algumas ideias básicas sobre esse assunto, enfocando as curvas de nível utilizadas para a representação plana do relevo. Em seguida, conheceremos as etapas de um estudo de traçado: reconhecimento e exploração. Na execução dessas etapas, alguns aspectos precisam ser levados em conta, como a declividade das linhas do terreno, a parte do relevo onde a via deve ser localizada e as condicionantes para o traçado. Por fim, iremos abordar um pouco da evolução da forma do traçado, de como o traçado retilíneo começou a ganhar curvas com o passar do tempo.

Neste capítulo você estudará:

- As definições, estudo e diretriz de traçado viário.
- A representação plana do relevo.
- As etapas do estudo de traçado.
- O cálculo da inclinação de uma linha do terreno.
- A determinação da declividade de um terreno.
- As possibilidades de estabelecimento de uma diretriz de traçado em determinada parte do relevo.
- As condicionantes físicas e socioeconômicas de traçado.
- A evolução do traçado retilíneo para o traçado curvilíneo.

Traçado viário: conceitos fundamentais

Definição

Traçado viário é a posição que a via ocupa sobre a superfície.

Um dos primeiros passos para estudos e projetos das vias de transporte é a escolha adequada da posição da via sobre o terreno, ou seja, de seu traçado. Assim, um **estudo de traçado** tem por objetivo delimitar os locais mais convenientes para a passagem da via. Para isso, leva-se em consideração a necessidade de um adequado padrão técnico, econômico e operacional, bem como a importância da integração com o meio ambiente, tendo em vista as demandas de segurança e conforto e as conveniências dos usuários.

Os critérios e avaliações para a escolha da posição da via são similares para rodovias, ferrovias, vias urbanas, ciclovias e tubovias. As diferenças ficam por conta das limitações impostas pelos diferentes veículos e por suas características operacionais.

O produto final de um estudo de traçado é uma sequência de alinhamentos em planta que corresponde à melhor posição para a via em uma região diante de condicionantes físicas e socioeconômicas que afetam e interferem na escolha do local mais adequado. Chamamos essa poligonal aberta de **diretriz de traçado** (Figura 3.1).

Para executar um bom estudo de traçado, é preciso:

- ter conhecimento do relevo terrestre;
- ter uma boa capacidade de abstrair os volumes representados nas cartas topográficas;
- reconhecer e tirar partido das principais características das diferentes formas da superfície para posicionar com segurança o traçado da via.

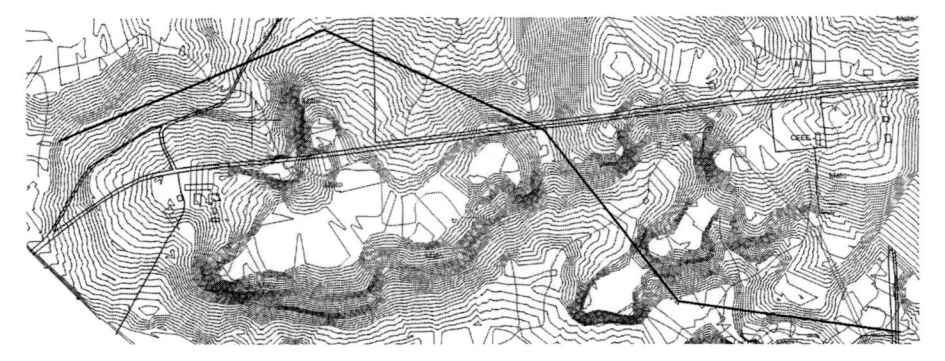

FIGURA 3.1 Parte de uma diretriz de traçado.
Fonte: O autor.

Dessa forma, abordaremos, na seção a seguir, o conceito de relevo terrestre, os tipos de forças que agem sobre ele e como representá-lo graficamente.

O relevo terrestre

Definição

Relevo pode ser definido como a forma assumida pela superfície da crosta terrestre.

As diferentes formas do relevo decorrem da modelagem provocada pela ação de agentes ou forças internas e externas:

- **Forças internas**: deformam e dobram a superfície de dentro para fora (p. ex., terremotos, tectonismo e vulcanismo);
- **Forças externas**: modelam a superfície (p. ex., intemperismo e ação do homem e dos animais).

Na Figura 3.2, as setas representam forças internas e externas agindo na formação do relevo.

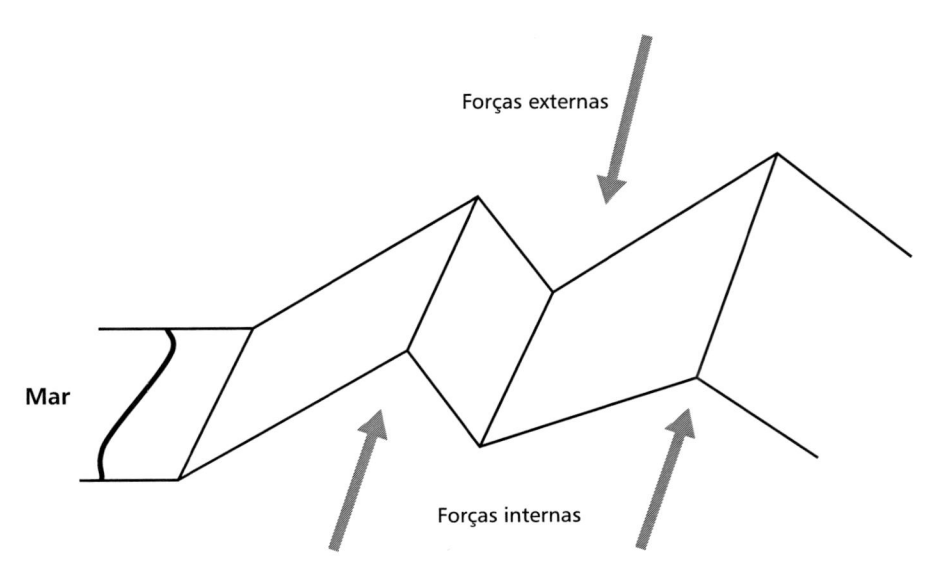

FIGURA 3.2 "Fatia" mostrando a modelagem da superfície.
Fonte: O autor.

Representação plana

O relevo é representado num plano horizontal por um conjunto de linhas. Os pontos de cada linha têm a mesma cota, isto é, todos estão no mesmo nível, têm a mesma altitude. Essas linhas são chamadas de curvas de nível. A representação do conjunto das curvas de nível, então, constitui a representação plana do relevo em si.

Definição

Curvas de nível consistem na **projeção horizontal** do conjunto de linhas resultantes das interseções obtidas por planos horizontais equidistantes com a superfície do terreno. As curvas de nível apresentam-se encaixadas umas às outras e mostram o terreno como uma **elevação** ou **depressão**.

Na representação plana do relevo, a **posição altimétrica** ou **cota** de cada linha deve estar indicada ou subentendida (Figura 3.3). Dessa forma, ao estudar o relevo, é importante procurar a indicação das cotas e, após, abstrair mentalmente o que está representado. O perfeito entendimento completa-se com a consideração de outras ocorrências, como rios, matos, edificações, vias existentes, etc.

Dica

Existem regras simples que ajudam a entender e interpretar a "mensagem" transmitida pelas curvas de nível:

- Curvas de nível *nunca se tocam*, pois a interseção não pode ter duas cotas simultaneamente.
- Curvas de nível *muito próximas* indicam *grandes desníveis* ou *declividades*.
- Curvas de nível *afastadas* devem ser interpretadas como a representação de *terrenos planos* ou *pouco inclinados*.

A Figura 3.4 apresenta uma representação do terreno

Normas de desenho estabelecidas definem que todas as plantas representativas do terreno sejam orientadas pelo norte e que a direção norte-sul fique na vertical, sendo o norte voltado para cima do desenho. Assim, qualquer alinhamento da diretriz tem configurados o rumo e o azimute – ângulo entre o alinhamento e a linha norte-sul que passa pelo primeiro ponto do mesmo.

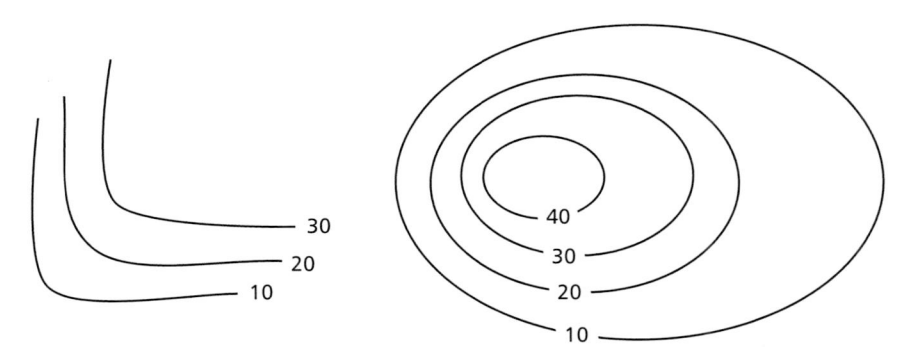

FIGURA 3.3 Exemplos de relevos representados por curvas de nível. Os números representam a posição altimétrica ou cota de cada curva.
Fonte: O autor.

FIGURA 3.4 Maquete com a superposição de planos de mesma cota.
Fonte: O autor.

Etapas do estudo de traçado

Agora que vimos o que é relevo e suas formas de representação, conhecimentos fundamentais para o traçado viário, vamos abordar as etapas do estudo de traçado em si.

Reconhecimento

Os estudos preliminares de traçado constituem uma etapa chamada de **reconhecimento**. No reconhecimento, define-se um caminho ou itinerário que atenda a pontos de passagem obrigatória e maiores necessidades de utilização da via.

Os estudos preliminares da etapa de reconhecimento podem ser feitos utilizando *cartas do Serviço Geográfico do Exército na escala 1:50.000*, obtidas por restituição de fotografias aéreas. Também são utilizadas *fotos obtidas por satélite*, conforme a Figura 3.5.

Exploração

Após a definição do itinerário, os estudos de traçado ingressam em outra etapa, chamada de **exploração**. Na exploração, programa-se um levantamento aéreo para a produção de cartas nas escalas 1:500, 1:1.000, 1:2.000 ou 1:5.000. Nessa fase, o relevo é representado por curvas de nível afastadas de 1,0 m ou, no máximo, 5,0 m para regiões mais montanhosas. A largura da faixa de exploração é de 300 a 400 m.

Dica

Para estudos de traçados de rodovias, ferrovias e tubovias, a melhor escala é 1:2.000.
Para vias urbanas, a escala 1:1.000 é a mais utilizada.
Para interseções entre rodovias, 1:500 é a escala mais adequada.

FIGURA 3.5 Foto da região dos Campos de Cima da Serra, em Cambará do Sul (RS).
Fonte: Google Maps.

Na etapa de **exploração**, estuda-se o posicionamento de uma (ou mais) sequência(s) de alinhamentos em planta. Completa-se o estudo com uma análise do perfil longitudinal (tema que será tratado no Capítulo 4). As maiores condicionantes consideradas são:

- relevo;
- alagadiços;
- cursos d'água;
- matas nativas;
- presença de edificações.

Uma lista mais completa de condicionantes será apresentada mais adiante neste capítulo.

A diretriz deve ser a melhor posição para o traçado da via conforme pode ser visto na Figura 3.6.

--- **Importante** ---

A planta baixa e o perfil longitudinal da diretriz podem ser produzidos em meio físico ou em meio digital – cada vez mais utilizado – e servem de base para a elaboração do projeto geométrico da via.

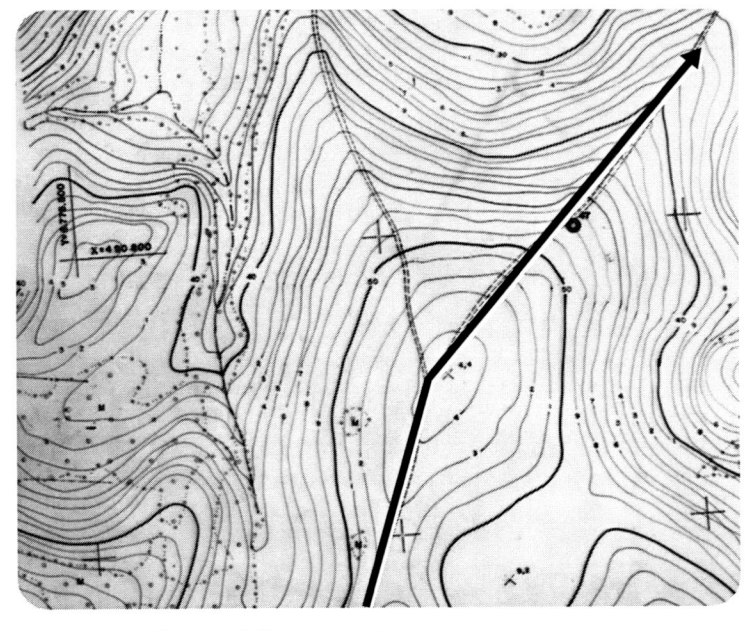

FIGURA 3.6 A melhor posição para a via.
Fonte: O autor.

Aspectos a considerar no estudo de traçado

Vimos que o estudo de traçado conta com etapas que requerem a obtenção de informações sobre o relevo, a consideração de condicionantes e a análise do perfil longitudinal da diretriz. Nesse contexto, para uma boa execução do estudo de traçado, alguns aspectos precisam ser levados em conta, como, por exemplo, a inclinação do terreno, a parte do relevo em que se pretende estabelecer o traçado e as condicionantes físicas e socioeconômicas que incidem sobre o local em questão.

Declividade das linhas do terreno

Os estudos de traçado têm enfoques diferentes de acordo com o tipo de via, mas também variam conforme as inclinações do terreno onde a via está inserida. Deve-se, então, estabelecer a qualificação do relevo de regiões de interesse para criar uma uniformidade de critérios de estudos de traçado e procedimentos para o projeto geométrico da via.

Primeiramente, é necessário quantificar a maior ou menor inclinação do terreno, como também do perfil longitudinal das rampas de uma diretriz de traçado – avaliações qualitativas não interessam quando estudamos vias de transportes. Falaremos mais sobre inclinação de rampas no Capítulo 4; por ora, aprenderemos a calculá-la.

Definição

A **inclinação** de um segmento é definida como o quociente entre a diferença de cotas das extremidades e o comprimento ou a projeção horizontal do segmento. O termo **declividade**, por sua vez, designa genericamente uma inclinação, sem ênfase relativa ao sentido.

A inclinação do segmento AB da Figura 3.7 é:

$$i = \frac{E}{D}$$

As informações constantes num quociente qualquer não ensejam uma boa compreensão da inclinação. Por esse motivo, utiliza-se também o **quociente simplificado** como representação, por exemplo, 1:1, 1:2 ou 4:1. O numerador representa o cateto vertical e o denominador, o horizontal.

Além disso, o **valor do ângulo horizontal** α permite uma boa avaliação e é bastante utilizado, podendo ser calculado a partir da seguinte fórmula:

$$\alpha = ARC.Tan = \frac{E}{D}$$

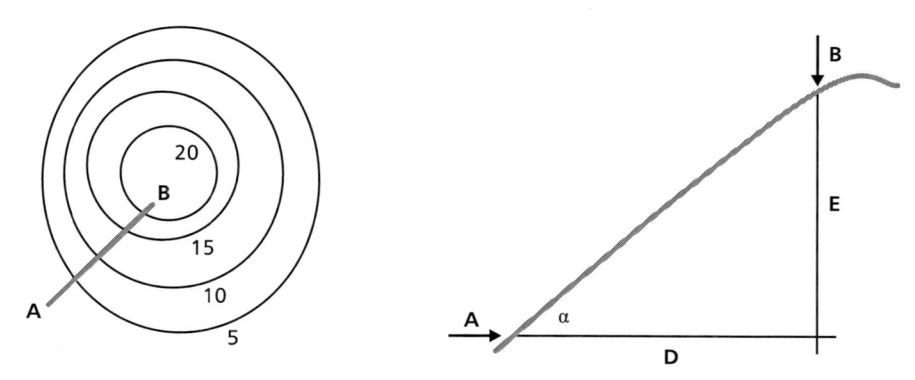

FIGURA 3.7 Declividade do segmento AB.
Fonte: O autor.

A **forma percentual** é a caracterização mais usual da inclinação:

$$\text{Tan}\alpha \cdot 100 = i\%$$

Por exemplo, para entender uma inclinação de 5%, basta imaginar um triângulo retângulo com cateto horizontal de 100 m e o cateto vertical com 5,0 m.

--- **Dica** ---

No caso de estradas de rodagem, terrenos planos ensejam alinhamentos horizontais mais retilíneos, possuindo poucas curvas. As curvas de concordância terão raios amplos e as declividades longitudinais serão baixas.
   Por outro lado, se o relevo for montanhoso, os alinhamentos em planta terão comprimentos menores, ocorrerão muitas curvas horizontais com raios menores e as declividades serão grandes.

No meio rodoviário, é muito utilizado o critério da **linha de maior declividade (LMD)**, que representa a inclinação da área mais inclinada. Como vimos anteriormente (na seção "Representação plana com curvas de nível"), o local mais inclinado tem curvas de nível muito próximas. A maior declividade é a inclinação de um segmento de reta perpendicular a essas curvas de nível.

A LMD de uma região em estudo deve ser a média ponderada da inclinação máxima de locais com relevo semelhante, em que os pesos são as áreas características.

Uma orientação

O Departamento de Estradas de Rodagem do Paraná utiliza as seguintes faixas de variação da LMD para a qualificação do relevo:

- LMD < 10,0% → Região plana
- 10,0% < LMD < 25,0% → Região ondulada
- LMD > 25 % → Região montanhosa

Partes do relevo

Para refletir

Que características fazem com que algumas partes do relevo sejam mais propícias ao traçado viário do que outras? Pense, por exemplo, na seguinte questão: onde, de forma geral, o estabelecimento do traçado é mais indicado: em um divisor de águas ou próximo a um talvegue?

Ao posicionar um traçado, devem ser procurados terrenos firmes e pouco inclinados. Isso nem sempre é possível, devido a uma infinidade de condicionantes que interferem na questão. Como regra geral, sempre que possível, posicionam-se os alinhamentos paralelos ou pouco inclinados em relação às curvas de nível.

Vamos verificar, a seguir, algumas partes do relevo e as melhores possibilidades de escolha da posição de uma diretriz nessas partes.

Encosta

Definição

Encosta é a superfície do terreno compreendida entre a linha do vértice e a linha da base de um acidente geográfico. Também é conhecida como **vertente**.

As águas pluviais escoam sobre as encostas, formando sulcos ou pequenas ravinas devido à erosão. Na interseção entre uma diretriz de traçado e esses sulcos, devem ser previstos bueiros para a passagem da água.

Em encostas muito inclinadas, podem ocorrer deslizamentos ou escorregamentos de materiais, provocando acidentes e interrupções da via. Diante dessas possibilidades, devem-se prever obras especiais de contenção.

O traçado sobre a encosta é chamado habitualmente de **traçado de meia-encosta**. Na Figura 3.8, esse traçado é representado pela seta.

A Figura 3.9 apresenta possibilidades de escorregamentos de materiais nos traçados sobre as encostas.

Divisor de águas

Definição

Divisor de águas é uma linha formada pela interseção de duas encostas. Ela forma uma linha divisora de águas pluviais, encaminhando-as para uma ou outra bacia hidrográfica.

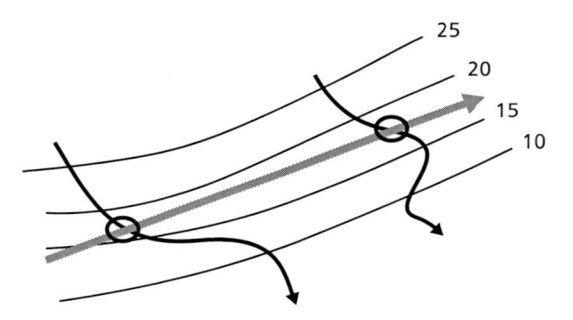

FIGURA 3.8 Traçado de meia-encosta *versus* escoamento das águas.
Fonte: O autor.

FIGURA 3.9 Traçado e possibilidades de escorregamentos.
Fonte: Ingram Publishing/Thinkstock.

Os terrenos junto ao divisor de águas são consolidados e firmes. Como a águas escoam naturalmente para os pontos mais baixos, são necessárias poucas estruturas de drenagem superficial. Por esses motivos, é *desejável ter-se um traçado sobre o divisor de águas*. O problema, muitas vezes, é como ascender até o divisor.

Curiosidade

Exemplos típicos de vias urbanas localizadas sobre divisores de águas são as conhecidas avenidas Paulista e Independência, em São Paulo e Porto Alegre, respectivamente.

Talvegue

Definição

Talvegue é uma linha sinuosa formada pela sequência dos pontos mais baixos de um vale. Trata-se da linha coletora das águas pluviais que escoam sobre as encostas.

Sobre o talvegue, pode-se ter um curso d'água perene ou somente escoamento nas ocasiões de chuvas.

A observação da forma e do perfil dos talvegues sobre a superfície permite formular duas conclusões (ver Figura 3.10):

- O aclive de um curso d'agua cresce de forma contínua desde a foz até a nascente.
- O ângulo formado pelos cursos de dois talvegues geralmente é inferior a 90°. A confluência apresenta, normalmente, uma inflexão do curso principal em direção ao seu afluente.

Grota

Definição

Grota é a área, em geral úmida, que encontramos no entorno de um talvegue. De uma maneira geral, as grotas são constituídas por terras de aluvião onde predominam sedimentos transportados por águas pluviais desde a parte superior das encostas, e também por águas de extravasamento dos rios e riachos.

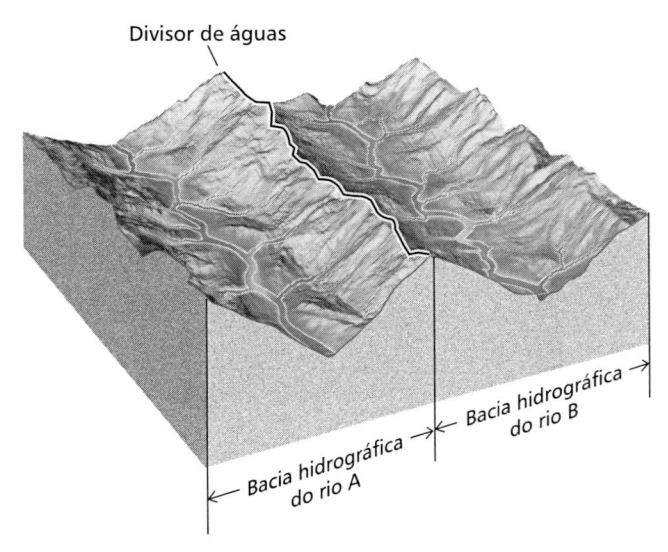

FIGURA 3.10 Exemplo de divisor de águas e talvegue.
Fonte: Grotzinger e Jordan (2013).

Sobre as grotas, prosperam com muita facilidade as **matas ciliares**, que protegem naturalmente as margens dos rios contra os efeitos da erosão. As matas ciliares também são ricas em variedades de plantas e animais silvestres.

Existem inconvenientes quanto ao posicionamento de traçados viários nas proximidades de talvegues. Como vimos, os terrenos próximos a eles, isto é, as grotas, não são firmes. Ocorrem problemas com águas que escoam sobre as encostas e interceptam o traçado, que também fica sujeito às inundações e enchentes dos cursos d'água. Além do mais, na maioria dos estados, as matas ciliares são protegidas por legislação ambiental. Portanto, traçados muito próximos a talvegues exigem cuidados especiais.

Bacia (de drenagem ou hidrográfica)

Definição

Bacia é o conjunto de todos os terrenos cujas águas superficiais afluem para um determinado curso d'água ou talvegue. Sua parte mais elevada está delimitada por um divisor de águas.

Na Figura 3.11, a seta representa o traçado sobre uma bacia.

Um traçado que intercepta uma bacia deve assumir aproximadamente a forma da bacia, aderindo ao terreno e procurando evitar terrenos baixos e desníveis muito grandes.

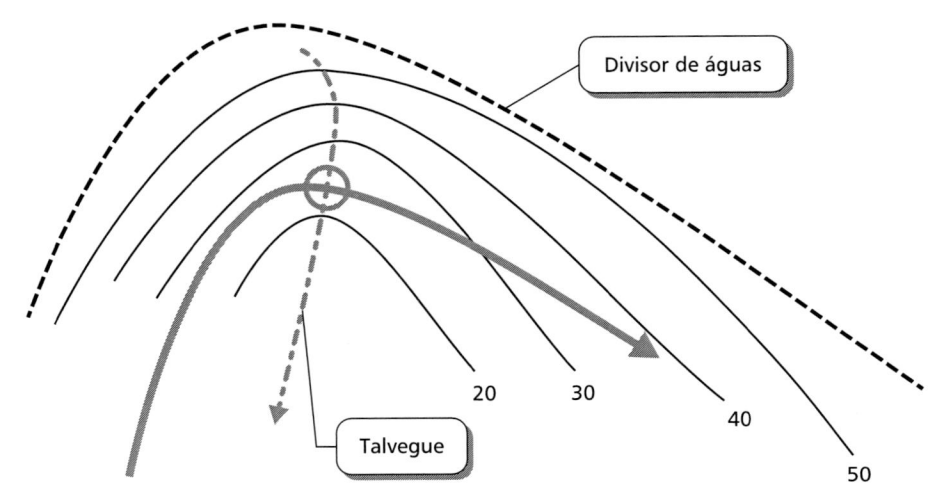

FIGURA 3.11 Traçado sobre uma bacia.
Fonte: O autor.

Contraforte

— **Definição** ————————————————————————————

Contraforte é uma ramificação de razoável proporção em direção transversal a uma cadeia de montanhas ou serra. O contraforte é um bom acesso ao divisor de águas – às vezes, o único.

A seta da Figura 3.12 representa um traçado sobre o contraforte.

Se uma encosta for muito inclinada e houver a necessidade de posicionar um traçado sobre um divisor de águas, não existindo a possibilidade de utilizar um contraforte, os projetistas lançam mão de um **traçado sinuoso**, também chamado de **"caracol"**, conforme mostrado na Figura 3.13.

O maior desenvolvimento horizontal da via possibilita a ascensão até o divisor de águas com declividades compatíveis com as condições operacionais dos veículos.

Garganta (colo ou sela)

— **Definição** ————————————————————————————

Garganta é uma depressão acentuada do divisor de águas de uma montanha ou serra.

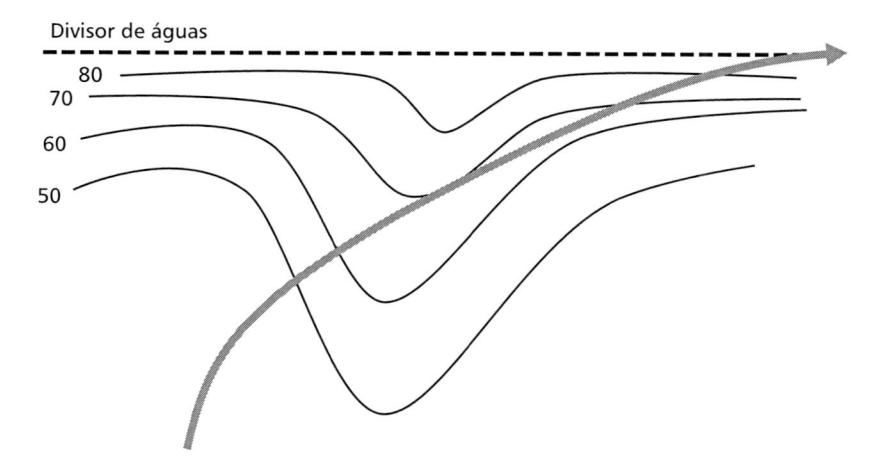

FIGURA 3.12 Configuração de um contraforte.
Fonte: O autor.

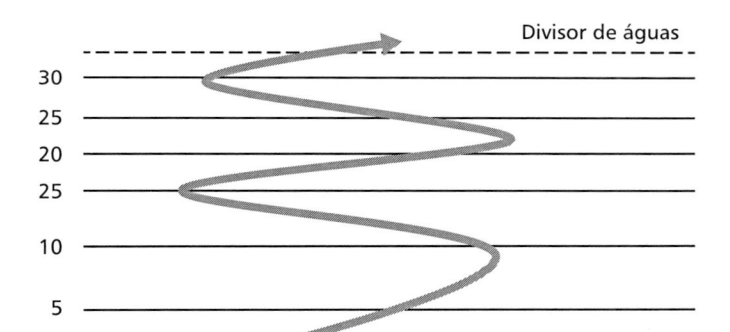

FIGURA 3.13 Traçado sinuoso.
Fonte: O autor.

A garganta é um acidente importante para a definição de um traçado de via terrestre, pois através de uma garganta pode-se interceptar uma serra por conter seu ponto mais acessível.

A seta da Figura 3.14 representa o traçado sobre uma garganta.

Condicionantes

Condicionantes de traçado são ocorrências e situações localizadas sobre a superfície do terreno da região em estudo que interferem e influenciam a definição do traçado; por isso, é essencial que sejam consideradas no estudo do traçado. As condicionantes podem ser dos tipos: **físicas** e **socioeconômicas**.

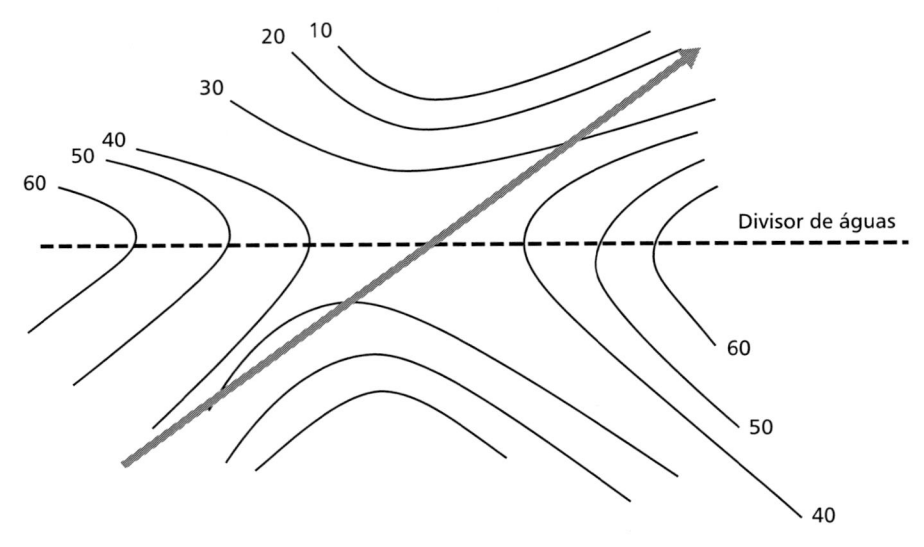

FIGURA 3.14 Traçado sobre uma garganta.
Fonte: O autor.

Condicionantes físicas

As condicionantes físicas são:

- topografia;
- geologia;
- hidrologia;
- ecossistema.

A **topografia** pode interferir nas características técnicas dos projetos viários, já que é um fator que prevalece no traçado. Além disso, pode interferir nos custos, como acontece na movimentação de terras, no valor da terraplanagem ou em regiões topograficamente desfavoráveis. Regiões de relevo ondulado ou plano são mais favoráveis para a escolha do traçado da via.

--- Importante ---

Vale lembrar que relevos planos ensejam traçados mais retilíneos; em relevos montanhosos, os traçados são mais curvilíneos (estudaremos a forma do traçado mais adiante neste capítulo). A adaptação ao terreno é importante para atingir a mais ampla visibilidade.

A **geologia** influencia as características técnicas dos projetos viários devido às características dos solos por onde pode passar a estrada. Também pode interferir nos custos da execução, como na aplicação de técnicas especiais de escavação nos casos de rochas muito resistentes ao desmonte, escassez de solos e rochas com boa qualidade. Dependendo da natureza dos materiais, obras de macrodrenagem e contenção de taludes e encostas deverão ser previstas.

A **hidrologia** também influencia os estudos de traçado. A ação das águas prejudica os projetos viários por meio de precipitações, infiltrações, lençóis freáticos, cotas de cheia máxima, áreas de alagadiços, etc. Esses fatores podem encarecer os projetos pela necessidade de aplicar técnicas sofisticadas de drenagem superficial e profunda.

O **ecossistema** pode interferir nas características dos traçados pela importância da preservação ambiental. Estudos de impacto e traçados que minimizem as agressões ao meio ambiente são cada vez mais valorizados e exigidos. Os custos de preservação ambiental, atualmente, estão incorporados aos custos dos investimentos em infraestrutura viária. Assim, os estudos de traçado são considerados uma das ferramentas mais importantes de cuidado ao meio ambiente.

As condicionantes físicas provocam uma **repulsão** no traçado.

— **Atenção** —

A proximidade de um traçado a uma reserva florestal deve ser evitada. Particularmente, rodovias podem acelerar o desmatamento de determinadas áreas, o que ocorreu ao longo da BR-230 (Transamazônica), da BR-163 e da PA-150.

Condicionantes socioeconômicas

As condicionantes socioeconômicas são:

- Uso do solo
- Turismo
- Existência de cidades e vilas
- Existência de rodovias, ferrovias e hidrovias
- Custo das desapropriações

O **uso do solo** interfere na posição do traçado. As diferentes ocupações do solo – urbana, suburbana, agrícola, pastoril, industrial, etc. – exercem forte atração sobre traçados viários. As necessidades de deslocamentos de pessoas, insumos, produtos e mercadorias para os centros de consumo precisam de vias adequadas.

O **turismo**, conhecido como **indústria limpa**, é importante para o desenvolvimento de regiões mais deprimidas, pois oferece grandes oportunidades para manutenção de pessoas no seu lugar de origem. Além de aumentar a renda, atende às necessidades de lazer dos habitantes de uma região ou país. Assim, regiões privilegiadas com belezas naturais, especialidades gastronômicas, clima bom, entre outros, desde que sejam acessíveis, poderão ser fatores indutores de desenvolvimento, funcionando, dessa forma, como atração para traçados de vias.

Todas as comunidades espalhadas por um território anseiam por desenvolvimento. Acessos garantidos sob quaisquer condições climáticas são reivindicações de todos, até de povoados menores. Quando se realiza um estudo de traçado, devem-se levar em consideração essas necessidades, aproximando-se os traçados de **cidades, vilas e aglomerados** urbanos em geral (Figura 3.15).

Existe uma forte integração entre as modalidades rodoviária, ferroviária e hidroviária. De uma maneira geral, rodovias afluem a estações férreas e portos para levar e buscar mercadorias e passageiros. Assim, há uma atração do traçado.

— **Importante** ————————————————————————

Muitas instalações são construídas em margens de hidrovias e levam o nome de **terminal rodo-hidro-ferroviário**, onde ocorrem as integrações por meio dos transbordos de uma para outra modalidade de transporte.

As **desapropriações** podem interferir nas características de custo e prazo dos projetos viários, por exemplo, quando existem edificações, loteamentos ou benfeitorias junto à largura da faixa de domínio da via. A maior necessidade de remoção de pessoas e a interrupção de atividades agrícolas e comerciais trazem prejuízos sociais e econômicos à região em estudo.

Exceto no caso das desapropriações, as condicionantes socioeconômicas sugerem uma **atração** no traçado.

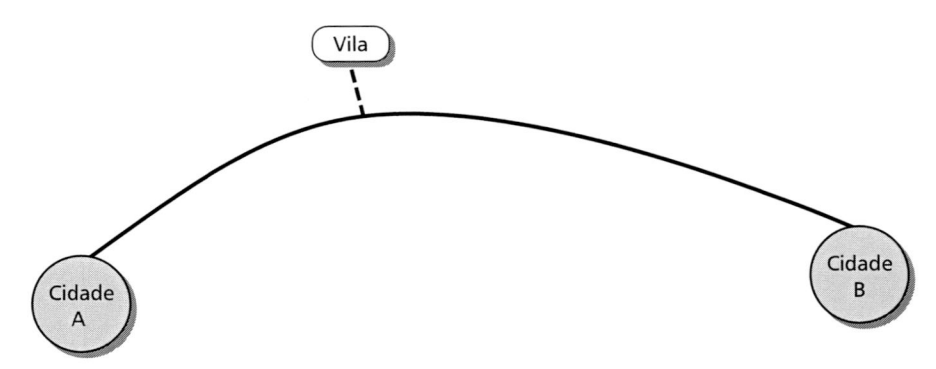

FIGURA 3.15 Atração do traçado.
Fonte: O autor.

A forma do traçado

O traçado retilíneo nos primórdios

A disseminação dos traçados ferroviários no século XIX e das rodovias na primeira metade do século XX levaram os engenheiros a pensar na melhor forma para os traçados.

Devido ao contato metal-metal com baixo atrito entre as rodas motrizes e os trilhos, os engenheiros definiram que a rampa máxima em ferrovias seria de 2%. Inclinações menores impõem percursos maiores. O fato de, nas estradas de ferro, ocorrerem trajetos extensos com maior incidência de túneis e viadutos explica em parte o maior valor do investimento inicial nesse modo de transporte.

— **Importante** —

Atualmente, com a utilização de trens cargueiros de múltipla tração com comprimento de até 1.300 m, está sendo proposta, para novos projetos de transporte de cargas, a rampa máxima de 1%.

No caso das rodovias, a rampa máxima admissível em regiões montanhosas foi estabelecida como 10%. Sendo imperiosa essa condição, ela influenciou sobremaneira a forma do traçado. Particularmente nas rodovias, os primeiros traçados foram concebidos com grandes trechos em linha reta, com pouca utilização de curvas horizontais. Quem poderia ser contra um princípio básico da geometria? A linha reta, a menor distância entre dois pontos!

Inicialmente esses projetos prosperaram, pois os primeiros veículos com motor a explosão possuíam uma alta relação potência/peso transportado. Assim, elevações no relevo não constituíam maiores empecilhos. Contudo, com o avanço da indústria automobilística e a construção de veículos de transporte de cargas e coletivos, essa relação diminuiu e traçados mais curvilíneos foram adotados na busca de melhores condições de rampa.

Outras críticas também foram levantadas em relação aos grandes trechos em linha reta:

- Provocam sono ao motorista cansado.
- Causam ofuscamento à noite.
- Têm maior custo.
- Dão sensação de insegurança.
- Facilitam o desenvolvimento de grandes velocidades.
- Causam monotonia e menor prazer ao dirigir.

Curiosidade

Dentro desta linha de adoção de trechos retilíneos, cujo conjunto de ideias originou a denominada **Escola Clássica de Traçado**, citam-se os seguintes trechos:

- Ruta 2: Ciudad del Este – Asunción, Paraguai: 25 km.
- Bahía Blanca – Bariloche, Argentina: 152 km.
- Próximo a Mendoza, Argentina: 40 km.
- Próximo a Frankfurt, Alemanha: 60 km.
- BR-471: Quinta – Chuí, Brasil: 38 km.
- BR-116: Pelotas – Arroio Grande, Brasil: 21 km.

Atenção

Retas ou tangentes longas devem ser evitadas por constituírem elementos com muita rigidez geométrica e pouca adaptabilidade às diversas formas da paisagem. Além disso, retas longas são previsíveis e perigosas por oferecer extensões estáticas que convidam ao excesso de velocidade.

O trecho reto pode ser justificado em regiões muito planas ou em vales onde se encaixe naturalmente na paisagem. O Departamento Nacional de Infraestrutura Terrestre (DNIT) recomenda comprimentos máximos de 3 km para trechos em tangente.

O traçado curvilíneo da modernidade

Na perspectiva de solução dos problemas de forma do traçado, surgiu, na década de 1960, a **Escola Moderna**, que propôs a substituição das retas em planta por curvas de grande raio e recomendou uma melhor adaptação da via ao terreno, dando ênfase aos problemas de visibilidade. O tipo de traçado sugerido pela Escola Moderna é o chamado **traçado fluente**.

Dica

O traçado fluente permite projetos rodoviários de menor custo, menor monotonia e maior prazer na condução dos veículos.

A curva horizontal é mais interessante por:

- trazer ao campo visual do motorista maior quantidade de áreas marginais;
- oferecer uma visão variada e dinâmica;
- estimular o senso de previsão;
- proporciona melhor condução ótica.

Contudo, essas vantagens não significam que se devam forçar curvaturas desnecessárias.

Mesmo significando uma evolução, existem algumas críticas à Escola Moderna:

- Curvas em excesso prejudicam operações de ultrapassagem.
- Curvas provocam uma sensação de insegurança.
- Trechos nesse tipo de traçado têm maior extensão.

Hoje, a forma do traçado não está vinculada a tendências ou modismos. Vale muito mais a configuração do relevo no posicionamento do traçado viário. Uma mistura bem ponderada de retas e curvas compatíveis com o relevo é uma boa receita.

FIGURA 3.16 Traçado curvilíneo *versus* traçado retilíneo.
Fonte: PrettyVectors/iStock/Thinkstock.

Para concluir

Ao longo deste capítulo, estudamos os principais aspectos do traçado viário. Constatamos a importância da consideração do relevo em todas as etapas do estudo de traçado. Porém, não são apenas as características físicas do terreno que influenciam a determinação da diretriz de traçado; existem relevantes condicionantes socioeconômicas que também precisam ser levadas em conta.

Encerramos o capítulo falando sobre as diferenças e peculiaridades do traçado retilíneo e do traçado curvilíneo. As vantagens de um sobre outro foram muito discutidas ao longo dos anos, mas hoje sabemos que não existe verdade absoluta quanto a essa questão: o importante é considerar as características do relevo para definir qual forma de traçado é a mais apropriada.

Atividades

1. Sobre o relevo terrestre e sua representação, marque **V** (verdadeiro) ou **F** (falso).
   ( ) Terremotos e tectonismo são exemplos de forças externas que agem sobre o relevo.
   ( ) Para a plena compreensão do relevo de uma determinada região, basta que se procure a indicação das cotas na representação plana daquele relevo.
   ( ) Curvas de nível nunca encostam umas nas outras.
   ( ) As plantas representativas de terrenos devem sempre ser orientadas pelo norte.
   Assinale a alternativa que apresenta a sequência correta.
   (A) V – V – F – F
   (B) F – V – V – F
   (C) F – F – V – V
   (D) V – F – F – V

2. A respeito do estudo de traçado, marque a alternativa correta.
   (A) A maneira exclusiva de fazer os estudos de reconhecimento é por meio de fotos obtidas por satélite.
   (B) O produto final do estudo de traçado é o estabelecimento de uma diretriz constituída por uma sequência de alinhamentos.
   (C) Os critérios para a escolha do traçado viário não diferem para rodovias, ciclovias e ferrovias.
   (D) Na exploração, são produzidas cartas na escala de 1:50.000.

3. Calcule a forma percentual da inclinação de parte de um terreno cujo perfil pode ser representado por um triângulo retângulo com cateto horizontal de 150 m e cateto vertical de 20 m.

4. Quanto às partes do relevo e às possibilidades de escolha da posição de uma diretriz nessas partes, correlacione as colunas.

   (1) Encosta
   (2) Divisor de águas
   (3) Talvegue
   (4) Grota
   (5) Bacia
   (6) Contraforte
   (7) Garganta

   ( ) Sobre esta parte, prosperam as matas ciliares.
   ( ) Os terrenos junto a esta parte são consolidados e firmes, o que a torna propícia para um traçado.
   ( ) É um acidente importante para a definição de um traçado de via terrestre, pois, através desta parte, pode interceptar uma serra.
   ( ) Há possibilidade de deslizamentos ou escorregamentos nesta parte, que podem provocar acidentes e interrupções da via.
   ( ) É uma linha sinuosa formada pela sequência dos pontos mais baixos de um vale.
   ( ) É uma boa opção de traçado para chegar ao divisor de águas.
   ( ) Um traçado que intercepta esta parte deve assumir a forma aproximada dela.

   Assinale a alternativa que apresenta a sequência correta.

   (A) 4 – 2 – 7 – 1 – 3 – 6 – 5
   (B) 3 – 2 – 1 – 4 – 6 – 7 – 5
   (C) 4 – 1 – 7 – 3 – 6 – 5 – 2
   (D) 1 – 5 – 4 – 2 – 3 – 6 – 7

5. Com relação às condicionantes para o traçado, considere as alternativas a seguir.

   I   A ação das águas pode prejudicar os projetos viários.
   II A existência de cidades e vilas pode atrair traçados viários.
   III Reservas florestais representam um fator de atração para traçados.
   IV As condicionantes físicas costumam ser de atração e as socioeconômicas, de repulsão.

   Quais são as corretas?

   (A) I e III.
   (B) I e II.
   (C) I, II e IV.
   (D) Todas as alternativas estão corretas.

CAPÍTULO

4

Perfil longitudinal da diretriz de traçado

No Capítulo 3, conhecemos as etapas de um estudo de traçado e vimos que seu produto final, a diretriz de traçado, dá origem à planta baixa de um projeto de via de transporte. Porém, o estudo de traçado não fica completo sem um perfil longitudinal integrando as informações da diretriz, uma vez que a forma ou o volume de uma via, também chamado de **corpo estradal**, tem como dimensões mais significativas justamente a planta baixa e o perfil longitudinal. Assim, ambos devem estudados em conjunto.

Neste capítulo, começaremos entendendo como um perfil longitudinal é gerado e deve ser representado graficamente. Em seguida, abordaremos as etapas que são executadas a partir da verificação do perfil – a montagem da linha do projeto, o lançamento de rampas e a definição dos pontos de interseção vertical –, enfatizando algumas recomendações importantes acerca do lançamento de rampas. Por fim, aprenderemos um método que ajuda na comparação de traçados.

Neste capítulo você estudará:

- A criação e a obtenção de informações do perfil longitudinal de uma via.
- A montagem do perfil de projeto de uma via.
- As recomendações para o lançamento de rampas de uma via.
- A definição dos pontos de interseção vertical de uma sequência de rampas.
- O cálculo do comprimento virtual de um trajeto.

O perfil longitudinal

Para refletir

Por que o perfil longitudinal é essencial para completar o estudo de traçado?

Importante

Um traçado deve ser viável técnica e economicamente. Assim, questões relativas ao valor da rampa (inclinação), ao custo e a outros quesitos devem ser verificadas para consolidar a posição da diretriz.

Como vimos no capítulo anterior, um estudo de traçado termina com a definição da diretriz. Contudo, antes de se considerar uma diretriz como definitiva, deve-se fazer uma verificação no seu perfil longitudinal e analisar se esse perfil comporta uma sequência de rampas compatível com as necessidades funcionais, técnicas e econômicas da via.

O perfil longitudinal é gerado a partir da interseção de uma superfície vertical coincidente com os alinhamentos em planta. Essa interseção é representada em uma superfície vertical. Da interseção decorre uma sequência de pontos que configuram o **perfil longitudinal do terreno natural**.

Dica

Para avaliar melhor o perfil, deve-se utilizar um gráfico com a escala vertical 10 vezes maior do que a horizontal. Dessa forma, o perfil fica representado de forma distorcida e ampliada, condição que possibilita uma melhor análise e entendimento da configuração do terreno.

Em estudos de ferrovias e rodovias, é usual utilizar escalas verticais de 1:200 e horizontais de 1:2.000 para a avaliação do perfil longitudinal. Pode-se observar, na Figura 4.1, um perfil longitudinal do terreno natural. No eixo das abcissas, constam as estacas dos alinhamentos, e nas ordenadas, as cotas de cada uma das estacas, formando o perfil do terreno.

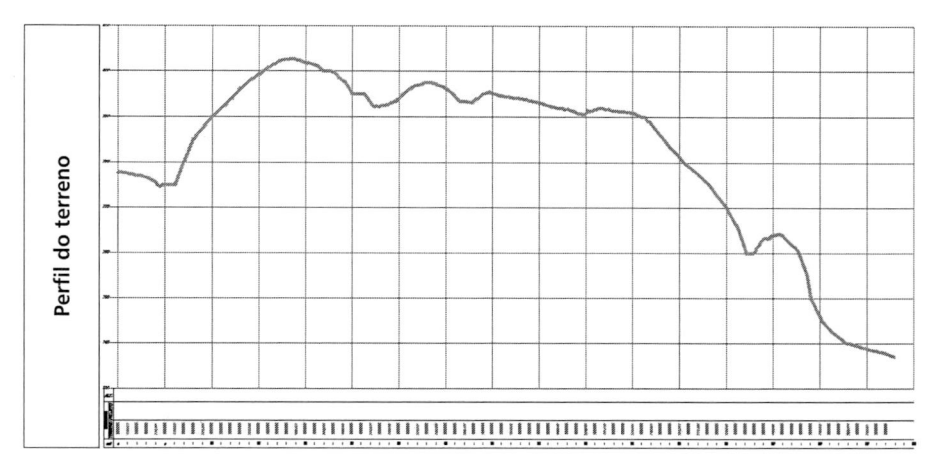

FIGURA 4.1 Perfil longitudinal do terreno natural.
Fonte: O autor.

Etapas realizadas a partir do perfil longitudinal

Após a verificação e a análise do perfil longitudinal, iniciam-se as definições acerca do posicionamento das rampas do projeto de via. Isso é feito por meio das etapas que estudaremos a seguir.

Montagem do perfil de projeto

Sobre o perfil longitudinal do terreno natural, posicionam-se alinhamentos em perfil. Essa sequência de rampas constitui, num primeiro momento, a montagem do perfil de projeto, também chamada de **greide**.

--- Definição ---

Subidas, ou **aclives**, são representadas pelas inclinações positivas de uma rampa. **Descidas**, ou **declives**, por sua vez, são representadas pelas inclinações negativas.

Além da posição em relação ao perfil do terreno, deve-se definir o sinal e o valor da inclinação da rampa. A referência considerada é o sentido crescente do estaqueamento ou quilometragem da diretriz. Assim, **+i%** significa uma rampa ascendente em relação à ordenação crescente do estaqueamento, ao passo que **−i%** indica uma rampa descendente (Figura 4.2).

FIGURA 4.2 Aclive e declive.

Curiosidade

Ponto de interseção vertical

A interseção entre duas rampas consecutivas é caracterizada pela sigla **PIV** (**p**onto de **i**nterseção **v**ertical). O ponto inicial da sequência é indicado por **PV$_0$** ou **PP** (**p**onto de **p**artida), e o último, por **PF** (**p**onto **f**inal), conforme se observa na Figura 4.3.

Lançamento de rampas

Definição

Quando se posiciona uma rampa abaixo da linha do terreno natural, estamos criando um **corte**; quando é acima da linha do terreno natural, criamos um **aterro**.

O estudo de escolha da posição mais adequada para uma sequência de rampas é chamado de **lançamento de rampas**.

No lançamento de rampas, inicialmente, deve-se considerar a compatibilidade da via a ser projetada com suas características operacionais, seu relevo e seus custos. Por exemplo, uma rodovia de alta hierarquia com a pre-

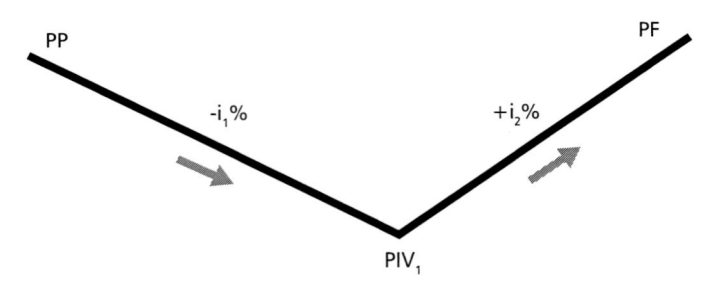

FIGURA 4.3 Rampas consecutivas.
Fonte: O autor.

visão de grande volume de veículos deverá ter uma forma compatível com o tráfego e a segurança dos usuários. Já em uma rodovia de menor hierarquia, poderá haver rampas maiores e alturas de corte e aterro menores, tendo em vista um custo mais reduzido.

A propósito, custos menores devem ser perseguidos em todos os tipos de projetos, pois não se pode esquecer que os recursos públicos são **limitados** e as necessidades de infraestrutura viária são **ilimitadas**.

Importante

Deve haver coerência entre **classe de projeto**, **relevo** e **custos** decorrentes. O perfil ideal está intimamente ligado ao custo da via.

Recomendações

Minimização das inclinações

Sempre que possível, devem-se utilizar rampas suaves, com taxas compatíveis com a intensidade de uso da via e também com o nível do investimento. Rampas suaves ensejam maior velocidade de percurso, menor desgaste no piso de rolamento, menor custo operacional e menor tempo de percurso, entre outras conveniências.

Rampa máxima e rampa mínima

No lançamento de rampas, deve-se atender aos valores máximo e mínimo de rampas definidos nas normas vigentes.

Importante

O valor máximo da rampa garante condições operacionais para os veículos de carga. A inclinação máxima varia de acordo com o tipo e a hierarquia do projeto e do relevo.

Em rodovias, a rampa máxima admissível é 9% em regiões montanhosas. Na pior das hipóteses, admitem-se 10% em rodovias vicinais (DEPARTAMENTO AUTÔNOMO DE ESTRADAS DE RODAGEM, 1991).

Em vias urbanas, a rampa máxima depende do plano diretor de cada cidade. No caso de Porto Alegre, é de 15% para vias locais de acesso domiciliar com predominância de veículos leves (PORTO ALEGRE, 2010a).

No caso de ferrovias, a rampa máxima varia de 1 a 2%, dependendo da composição, podendo chegar até 4% em linhas de metrô e TGV (PORTO, 2004).

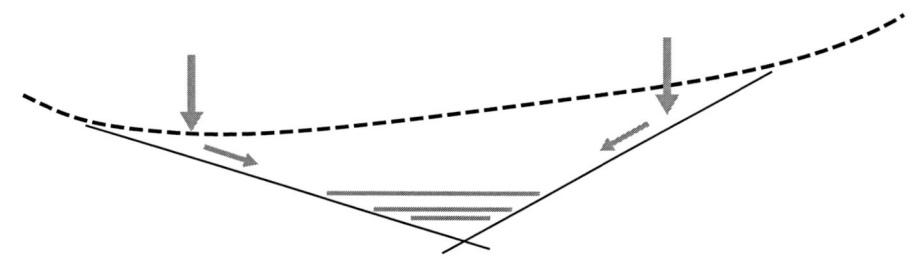

FIGURA 4.4 Concavidade com acumulação de água.
Fonte: O autor.

Nos trechos em corte ou mistos – quando há corte e aterro –, a rampa mínima admissível é de ±1%, para viabilizar o escoamento natural das águas pluviais.

Curvas côncavas em cortes

Nas extensões em corte ou mistas, não pode haver curvas côncavas, a fim de evitar o acúmulo das águas da chuva (Figura 4.4).

Terrenos alagadiços

— **Atenção** —

Terrenos muito saturados, planícies de aluvião e áreas com solos orgânicos e moles, em princípio, devem ser evitados no lançamento de rampas.

Em terrenos alagadiços, a fundação dos aterros fica muito prejudicada, devido à falta de estabilidade para resistir ao peso próprio da via e à possibilidade de ocorrência de recalques e adensamentos pronunciados.

Não sendo possível posicionar a via em outro local, devem-se prever somente aterros com altura média em torno de 1,50 m, a fim de preservar as camadas superiores do aterro da ascensão de água por capilaridade (Figura 4.5).

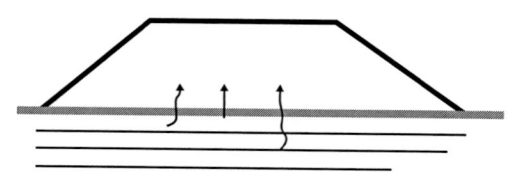

FIGURA 4.5 Aterro sobre solos moles.
Fonte: O autor.

Otimização dos volumes

Ao posicionar a linha de projeto em perfil, deve-se buscar o melhor equilíbrio entre volumes de corte e aterro, evitando-se ao máximo faltas ou sobras de materiais.

Cortes e aterros altos

> **— Atenção**
>
> Por necessidade de adequada fundação dos aterros e estabilidade das encostas, recomenda-se *não adotar grandes alturas nos cortes e aterros*.

Em rodovias de maior hierarquia e em ferrovias, recomenda-se não ultrapassar os 20 m de altura em cortes e aterros. Em outras situações, particularmente em regiões montanhosas, a indicação de altura máxima é 12 m.

Em vias urbanas, o lançamento de rampas é fortemente condicionado por cotas das soleiras de edificações existentes. Por exemplo, nas retificações ou melhorias do perfil, deve-se permitir acesso para todos os imóveis.

Em estradas de ferro, diante da severa exigência de rampa máxima e para evitar cortes e aterros muito altos, é muito comum optar por estruturas especiais, como viadutos e túneis. Em rodovias, muitas vezes por razões de segurança, questões ambientais ou mesmo econômicas, também se utilizam obras de arte especiais.

Cuidados com os bueiros

Sempre que a diretriz de uma via e um talvegue se cruzam, ocorre a necessidade de projeto e execução de um bueiro tubular ou celular para permitir a passagem de água.

Os bueiros de grota não devem ter tráfego direto sobre as paredes ou lajes de concreto; as estruturas devem ser recobertas com uma espessura mínima de 0,5 m de solo selecionado e devidamente compactado. Por esse motivo, recomenda-se prever uma altura livre maior do que 1,5 a 2 m no local do bueiro para acomodar a seção de vazão e o recobrimento.

Horizontes rochosos

> **— Importante**
>
> A presença de rocha sã ou alterada nos locais de cortes provoca custos maiores e contratempos na execução da obra. Essa situação é mais crítica em vias de menor hierarquia, onde o baixo custo é uma condição básica.

É necessário estudar, por interpretação de fotos aéreas ou mesmo por sondagens pioneiras executadas sobre a diretriz, a ocorrência e a profundidade do horizonte rochoso. Deve-se tirar partido dessas informações e evitar escavações em rocha sempre que for possível no lançamento de rampas.

Conforto dos usuários

Uma via terrestre com constantes "altos e baixos" provocados por rampas com muita diferença de inclinação e PIVs próximos enseja uma sensação de muito desconforto a seus usuários. Essa alteração vertical abrupta nos deslocamentos afeta particularmente crianças.

Para evitar estes inconvenientes, promovendo um maior conforto aos usuários, recomenda-se que trechos com inclinação constante em rampa tenham comprimento maior do que 300 m. Então, comprimentos de PIV a PIV devem ser maiores ou iguais a 300 m.

Ampla visibilidade

É importante garantir as melhores condições de visibilidade. Portanto, quanto menor a diferença entre rampas consecutivas, melhor. As lombadas devem ser evitadas, conjugando-se curvas verticais com horizontais.

Pontos de passagem obrigatória

Nas interseções entre vias, devem-se estudar as diferenças altimétricas:

- Em cruzamentos entre estradas rurais, a recomendação é de uma diferença de cotas menor do que 1,5 m.
- Cruzamentos entre vias urbanas exigem cotas mais próximas.
- Em cruzamentos em desnível entre rodovias, a recomendação é de um desnível de 5,5 m entre o piso de rolamento da via inferior e a face inferior da estrutura do viaduto.
- Em cruzamentos de rodovias sobre ferrovias, o desnível deve ser de 7,2 m, prevendo-se a possibilidade de eletrificação da via férrea.

Havendo uma ponte ou um viaduto construído, o lançamento de rampas deve ser compatível.

Dica

O perfil longitudinal de uma via deve viabilizar a acessibilidade a indústrias, colégios e propriedades em geral localizadas nas proximidades.

Em traçados localizados na parte baixa de vales, recomenda-se considerar 2,50 m acima da cota de cheia máxima do curso d'água.

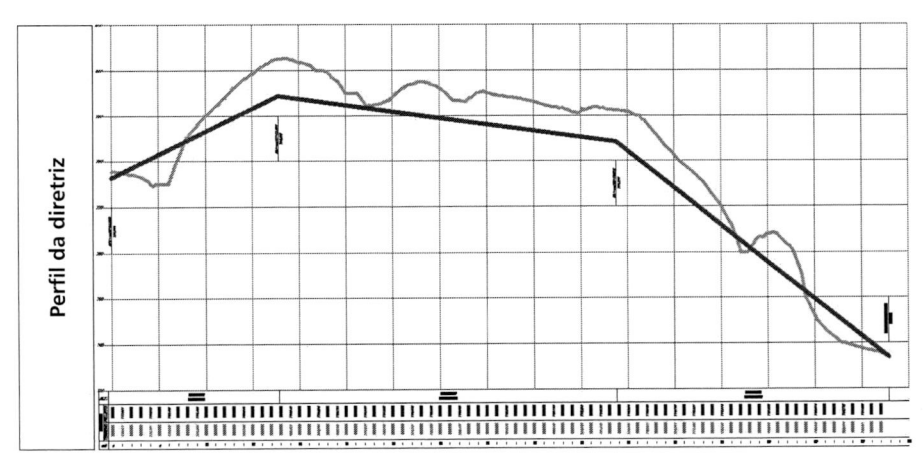

FIGURA 4.6 Perfil longitudinal de uma diretriz de traçado.
Fonte: O autor.

No lançamento de rampas, dificilmente se consegue atender às melhores condições altimétricas. Muitas vezes, em razão de necessidades maiores, optamos por uma solução do tipo "menos pior" diante de tantas recomendações, às vezes contraditórias. Na Figura 4.6, apresenta-se um trabalho de lançamento de rampas onde se observa um excesso no volume de escavação.

Definição dos pontos de interseção vertical

— **Para refletir** —

Em que está baseada a definição dos PIVs de uma sequência de rampas?

O lançamento de rampas é feito simultaneamente com o posicionamento dos PIVs. Num gráfico com eixos ortogonais de cotas e estacas e tendo como referência o perfil longitudinal do terreno natural, o engenheiro estuda a melhor posição para uma sequência de rampas, como vimos na seção anterior. Assim, considerando as recomendações para lançamento de rampas, arbitra a posição de cada um dos PIVs (Figura 4.7).

— **Importante** —

A posição de um PIV fica definida quando se conhece sua estaca e sua cota.

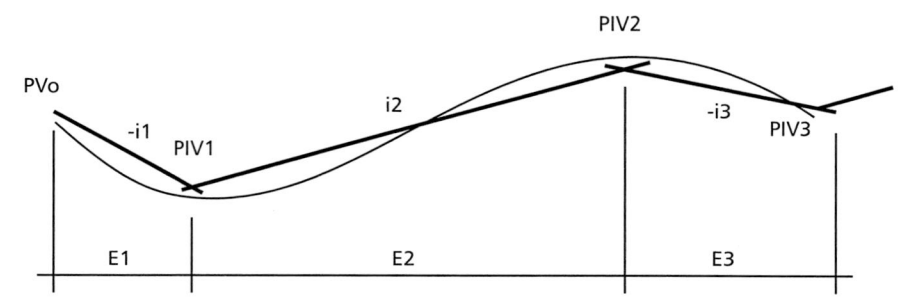

FIGURA 4.7 Lançamento de rampas e posição dos PIVs.
Fonte: O autor.

Com base na Figura 4.7, são estabelecidos os valores dos comprimentos E_1, E_2, E_3, da **Cota PIV$_1$**, da **Cota PIV$_2$** e da **Cota PIV$_3$**. A Cota PV_0 ou Cota PP é um valor previamente conhecido por ser o ponto de partida do perfil, que, em geral, é a interseção com outra via ou mesmo um ponto de via do sistema viário urbano.

Definidos os PIVs pode-se calcular as inclinações i_i das rampas. Por exemplo:

$$i_2 = \frac{|\text{Cota PIV}_2 - \text{Cota PIV}_1|}{E_2} \cdot 100 \ (\%)$$

As relações analíticas entre cotas dos PIVs e comprimentos das rampas são:

Cota PIV$_1$ = Cota PV$_0$ − i$_1$E$_1$
Cota PIV$_2$ = Cota PIV$_1$ + i$_2$E$_2$
Cota PIV$_3$ = Cota PIV$_2$ − i$_3$E$_3$

Comparação de traçados

Muitas vezes, ficamos em dúvida sobre qual alternativa de traçado é a melhor ou, ainda, qual trajeto entre dois pontos é o mais adequado. Abordaremos agora um método de comparação de traçados chamado de comprimento virtual, que viabiliza a análise e a comparação entre perfis longitudinais de dois ou mais traçados viários.

Definição

Comprimento virtual é o comprimento fictício em reta e nível que corresponde ao mesmo trabalho mecânico despendido pelo veículo que percorre a estrada cujo traçado se estuda.

O método do comprimento virtual utiliza o trabalho mecânico como comparativo entre os deslocamentos de um mesmo veículo. Esse procedimento também valoriza o dispêndio de combustível como padrão de comparação.

O comprimento virtual é calculado a partir da seguinte equação:

$$Cv = \Sigma Cvn + \Sigma Cva + \Sigma Cvd$$

onde

Cv é o comprimento virtual da extensão em análise;

ΣCvn é o comprimento virtual dos trechos em nível;

ΣCva é o comprimento virtual dos segmentos em aclive;

ΣCvd é o comprimento virtual dos segmentos em declive.

Contudo,

$$\Sigma Cvn = \Sigma Cn$$

Isso significa que, por definição, ΣCvn é a extensão **real** dos trechos em nível. Da mesma forma,

$$\Sigma Cvd = \Sigma Cd$$

Assim, ΣCvd é a extensão **real** dos trechos em declive, pois, para as descidas, admite-se que o veículo executa o mesmo trabalho mecânico que para um trecho em nível.

A física indica que

$$\Sigma Cva = \Sigma Ca \cdot \left(1 + \frac{i}{r}\right)$$

onde

i é o valor da rampa (em decimal);

r é a resistência ao rolamento (**0,02** para rodovias pavimentadas);

ΣCa é a soma dos comprimentos reais dos aclives.

Assim, substituindo na expressão inicial, temos

$$Cv = \Sigma Cn + \Sigma Ca + \Sigma Ca \frac{i}{r} + \Sigma Cd$$

Entretanto, $\Sigma Cn + \Sigma Ca + \Sigma d$ é o **comprimento real C** do trecho. Então,

$$Cv = C + \Sigma Ca \frac{i}{r}$$

Considerando o trajeto de ida e volta, finalmente, o comprimento virtual do trecho será calculado por:

$$Cv = \frac{Cv(ida) + Cv(volta)}{2}$$

Em tese, o traçado ou diretriz mais interessante é o que tem o menor comprimento virtual.

Para concluir

Este capítulo complementou o tópico que começamos a abordar no Capítulo 3, o estudo de traçado. Vimos que a diretriz de traçado não deve ser definida sem uma verificação do perfil longitudinal do terreno natural. Esse perfil é fundamental para as definições sobre as sequências de rampas da via.

No fim do capítulo, abordamos o método do comprimento virtual, um procedimento que permite a comparação de perfis longitudinais de dois ou mais traçados viários. A partir de alguns cálculos, torna-se possível analisar e decidir se determinada opção de trajeto é mais adequada do que outra.

Atividades

1. Para que o perfil longitudinal fique distorcido e ampliado, possibilitando uma melhor análise da configuração do terreno, o ideal é utilizar um gráfico com a escala vertical maior do que a horizontal. Quantas vezes a escala vertical deve ser maior?
   (A) Cinco.
   (B) Dez.
   (C) Quinze.
   (D) Vinte.

2. Com relação às rampas de um traçado, marque **V** (verdadeiro) ou **F** (falso).
   ( ) Relevo, custos e características operacionais devem ser considerados em conjunto no lançamento de rampas de uma via.
   ( ) Inclinações marcadas com sinal negativo representam um aclive.
   ( ) Um aterro é criado quando uma rampa é posicionada acima da linha do terreno natural.
   ( ) O posicionamento dos PIVs é feito após o lançamento de rampas.

   Assinale a alternativa que apresenta a sequência correta.
   (A) F – F – V – V
   (B) F – V – F – V
   (C) V – V – F – F
   (D) V – F – V – F

3. No que diz respeito às recomendações para o lançamento de rampas, considere as alternativas a seguir.

   I A rampa máxima estabelecida para ferrovias é superior à rampa máxima para rodovias.

   II Cortes altos devem ser evitados.

   III Terrenos alagadiços não fornecem a estabilidade necessária para a fundação de aterros.

   IV Para favorecer a visibilidade em uma via, a diferença entre rampas consecutivas deve ser ampliada.

   Quais estão corretas?

   (A) I e II.
   (B) I e III.
   (C) II e III.
   (D) II, III e IV.

4. Sobre as recomendações de diferenças altimétricas em pontos de interseção entre vias, correlacione as colunas.

   (1) Cruzamentos entre estradas rurais
   ( ) Desnível de 5,5 m entre o piso de rolamento da via inferior e a face inferior da estrutura do viaduto

   (2) Cruzamentos entre vias urbanas
   ( ) Desnível de 7,2 m

   (3) Cruzamentos em desnível entre rodovias
   ( ) Cotas próximas

   (4) Cruzamentos de rodovias sobre ferrovias
   ( ) Diferença de cotas menor do que 1,5 m

   Assinale a alternativa que apresenta a sequência correta.

   (A) 3 – 2 – 1 – 4
   (B) 3 – 4 – 2 – 1
   (C) 4 – 3 – 2 – 1
   (D) 1 – 4 – 3 – 2

5. Calcule o comprimento virtual de um trecho de uma rodovia pavimentada cujo comprimento é 1.000 m. O trecho está constituído por duas rampas, a primeira tem 400 m de comprimento e inclinação de 5,0%, e a segunda tem 600 m de comprimento e 2,0% de inclinação.

CAPÍTULO

5

Classificação das vias de transporte

Nos capítulos anteriores, estudamos alguns conceitos abrangentes sobre vias de transportes e começamos a nos familiarizar com as diferentes modalidades de vias existentes. Agora, é momento de entendermos melhor o conceito de cada tipo de via e as formas como elas podem ser organizadas de acordo com diferentes critérios.

Iniciaremos abordando as rodovias e quatro formas de classificação: funcional, técnica, administrativa e quanto à jurisdição. Em seguida, aprenderemos os modos de classificação de ferrovias: quanto à importância, quanto à bitola, quanto à classe de serviço, quanto à nomenclatura e quanto à densidade de tráfego. A seguir, falaremos sobre hidrovias e, depois, sobre linhas aéreas. Por último, abordaremos as tubovias, que podem ser classificadas quanto à finalidade e quanto ao local.

Neste capítulo você estudará:

- As definições de rodovia, ferrovia, hidrovia, linha aérea e tubovia.
- A classificação de diferentes tipos de via a partir de determinados critérios.
- Os conceitos de mobilidade e acessibilidade e sua relação com os tipos de rodovia da classificação funcional.
- O volume diário médio de veículos e sua associação com a classificação técnica de rodovias.
- A contagem da quilometragem das rodovias segundo a classificação administrativa.

Rodovias

Definição

De acordo com o Código de Trânsito Brasileiro (BRASIL, 1997) que entrou em vigor em 08/01/1998, utilizam-se as seguintes definições:

- **Estrada** é uma via rural não pavimentada.
- **Rodovia** é uma via rural pavimentada.
- **Via rural** engloba as estradas e as rodovias.

A exatidão da nomenclatura proposta pelo CTB não foi adotada largamente, de modo que as palavras estrada e rodovia normalmente são empregadas como sinônimas na literatura técnica e na linguagem coloquial.

O *Manual de projeto geométrico de rodovias rurais* (DEPARTAMENTO NACIONAL DE ESTRADAS DE RODAGEM, 1999) indica que a classificação das rodovias com base em diferentes critérios é necessária para atender a enfoques e objetivos diversos de natureza técnica, administrativa e de interesse dos usuários das vias.

Em função da intensidade de uso previsto para a via, são requeridos padrões de conforto e segurança com custos compatíveis. A **classificação técnica** se relaciona diretamente com as características geométricas, como raios de curvatura, rampas, largura de faixas e distâncias de visibilidade. Nessa classificação, consideram-se algumas restrições de custo e parâmetros geométricos condicionados pelo relevo da região.

Para fins de organização por parte dos gestores, tendo em vista o financiamento, o planejamento, a construção, a operação e o relacionamento com os usuários, surgiu a **classificação administrativa**, a partir da qual as rodovias são identificadas por siglas alfanuméricas caracterizando a localização geográfica e a esfera de governo responsável pelas mesmas.

Temos, ainda, a **classificação funcional**, que procura agrupar as rodovias pelo caráter dos serviços que elas prestam aos usuários. A classificação funcional tem estreita correlação com a classificação técnica e com a administrativa.

A seguir, abordaremos cada uma dessas três classificações, começando pela funcional. Existe ainda uma **classificação quanto à jurisdição**, que também será apresentada ao longo deste capítulo.

Classificação funcional

— Definição —

A **função de uma rodovia** é o tipo de serviço que a via proporciona ao usuário, ou seja, é o desempenho da via para a finalidade do deslocamento.

Para definir a função de uma rodovia, as duas principais características a considerar são:

- **Mobilidade:** é a capacidade de atender adequadamente à demanda do tráfego de passagem por uma região. Trata-se da fluidez no deslocamento de uma atividade a outra. O tráfego de veículos possui uma velocidade compatível.
- **Acessibilidade:** é a condição de atender à demanda do tráfego local e de propriedades ou instalações lindeiras à rodovia. Possibilita o acesso a uma atividade ou uso do solo, como trabalho, moradia, compras, escola ou lazer.

Assim, de acordo com a função, as rodovias são classificadas conforme o apresentado no Quadro 5.1.

A Figura 5.1 mostra um esquema da classificação funcional de rodovias. A largura do traço e o diâmetro dos destinos dão uma ideia do volume de tráfego e do porte das localidades interligadas.

— Importante —

Muitas vezes, as funções de uma via constituem um **conflito de uso**, pois a maior parte das vias rurais e urbanas é usada simultaneamente para as duas funções, em detrimento de ambas.

Quadro 5.1 Classificação de rodovias de acordo com a função

Arteriais	Proporcionam alto nível de **mobilidade** para grandes volumes de tráfego. Sua principal função é atender ao tráfego de longa distância, seja municipal, estadual ou interestadual. Propicia ligação e integração entre cidades.
Coletoras	Distribuem os deslocamentos entre centros geradores de tráfego até núcleos populacionais de vulto médio ou rodovias de maior porte. A função destas rodovias é proporcionar **mobilidade** e **acesso** dentro de uma área específica.
Locais	Constituídas, geralmente, por rodovias de pequena extensão, são destinadas basicamente a captar deslocamentos e proporcionar o **acesso** do tráfego intra-municipal de áreas rurais e de pequenas localidades às rodovias mais importantes, com maior tráfego.

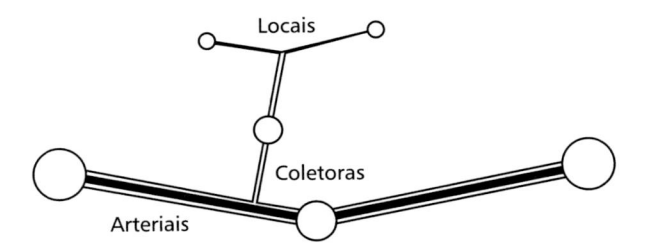

FIGURA 5.1 Esquema de classificação funcional e linhas de desejo.
Fonte: O autor.

Em uma via arterial, a acessibilidade é praticamente nula. Muitas vezes, nesses casos, são construídas ruas laterais para acolher e dar vazão ao tráfego local. O contrário também é verdadeiro, ou seja, numa via local, a mobilidade é quase nula.

Classificação técnica

Segundo essa classificação, as rodovias estão organizadas entre a Classe 0 e a Classe IV.

A classificação técnica define classes de projeto que oferecem aos projetistas parâmetros compatíveis com o padrão previsto para a via. Por exemplo, o Departamento Autônomo de Estradas de Rodagem (1991) fornece as indicações constantes na Tabela 5.1.

Classe 0

É a via expressa com duas pistas e elevado padrão técnico, com controle total de acesso. Prepondera a função mobilidade. Tem alto volume de tráfego e enquadramento por decisão administrativa.

A Figura 5.2 mostra a interseção de uma via Classe 0 com uma rodovia de menor hierarquia.

Tabela 5.1 Características básicas para o projeto geométrico de rodovias

	Região	Classe 0	Classe I	Classe II	Classe III	Classe IV
Raio mínimo de curvatura (m)	Plana	540	345	230	230	135
	Ondulada	345	210	170	125	55
	Montanhosa	210	115	80	50	25
Rampa máxima (%)	Plana	3,0	3,0	3,0	4,0	5,0
	Ondulada	4,0	4,5	5,0	6,0	7,0
	Montanhosa	5,0	6,0	7,0	8,0	9,0

Fonte: Departamento Autônomo de Estradas de Rodagem (1991).

FIGURA 5.2 Rodovia Classe 0.
Fonte: Fuse/Thinkstock.

Classe I-A

— **Dica** —

Os níveis de serviço C e D caracterizam tráfego intenso e tráfego próximo do congestionamento, respectivamente.

É a rodovia com pista dupla, controle parcial de acesso e grande volume de tráfego. Adota-se esta configuração quando o volume de tráfego no 10º ano de uso em pista simples ocasiona um nível de serviço C para regiões planas e onduladas ou um nível D para regiões montanhosas ou urbanas.

Classe I-B

É a rodovia com pista simples de elevado padrão técnico. O VDM_{10} fica entre 3.000 e 9.000 veículos/dia. Dependendo da composição da frota, deve-se adotar uma terceira faixa para tráfego lento em regiões montanhosas.

— **Importante** —

VDM_{10} significa volume diário médio de veículos no 10º ano de uso da via.

Os valores de VDM_{10} apresentados ao longo desta seção constam na *Norma para projeto geométrico de rodovias* do Departamento Autônomo de Estradas de Rodagem (1991). A classificação técnica adotada pelo Departamento Nacional de Infraestrutura de Transportes (DNIT), por sua vez, considera VDMs menores na divisão entre classes, condição que confere maior hierarquia e padrão operacional para as rodovias federais.

Classe II
É a rodovia com pista simples para VDM_{10} entre 1.500 e 3.000 veículos/dia.

Classe III
É a rodovia com pista simples com VDM_{10} entre 300 e 1.500 veículos/dia. As vias coletoras, em geral, enquadram-se nesta classe.

Classe IV
É a rodovia de pista simples com VDM_{10} menor do que 300 veículos/dia. Normalmente, trata-se de rodovias com alta acessibilidade e baixo custo de construção. De uma maneira geral, as rodovias de Classe IV não são pavimentadas.

Classificação quanto à jurisdição
De acordo com a esfera de Governo, as rodovias classificam-se em federais, estaduais e municipais, segundo o Quadro 5.2.

Existem ainda as rodovias vicinais, classificadas por alguns órgãos rodoviários. Elas possuem baixo custo, menor tráfego e padrão geométrico mínimo. São importantes, pois possibilitam a circulação de pessoas, insumos e produtos do setor primário.

— Definição

Pontes Filho (1998, p. 25) define **rodovias vicinais** como "[...] estradas municipais, pavimentadas ou não, de uma só pista e padrão técnico modesto". São rodovias locais e promovem a integração e deslocamentos na região na qual se inserem.

Classificação administrativa
A nomenclatura das rodovias federais inicia pela sigla BR, e a das rodovias estaduais, pelas siglas das unidades da federação (ERS, SP, PR...). Em ambos os casos, a sigla é seguida por três algarismos. Os critérios para a nomenclatura das rodovias estaduais são semelhantes ao das rodovias federais.

Quadro 5.2 Classificação das rodovias segundo a jurisdição

Federais	São, em geral, **rodovias arteriais de interesse da Nação**. Elas quase sempre percorrem mais de um estado. O planejamento, a construção e a conservação ficam a cargo do DNIT, órgão ligado ao Ministério dos Transportes (MT).
Estaduais	São as **rodovias que interligam cidades entre si e à capital de um estado**. Atendem basicamente a necessidades estaduais, estando contidas em seu território. Normalmente, são arteriais ou coletoras. O gestor é o Departamento de Estradas de Rodagem (DER) de cada estado.
Municipais	São **rodovias projetadas, construídas e mantidas pelas prefeituras municipais**, por interesse de um município ou de seus vizinhos. Podem ser coletoras ou locais. A grande maioria não é pavimentada.

Dica

O primeiro algarismo da nomenclatura, na classificação administrativa, indica a **posição geográfica**, de acordo com as definições estabelecidas no Sistema Nacional de Viação. Os dois outros algarismos definem a **ordem**, relativamente à Capital Federal e aos limites do país (norte, sul, leste e oeste) (DEPARTAMENTO NACIONAL DE INFRAESTRUTURA TERRESTRE, 2015a).

Rodovias radiais

Partem da Capital Federal em direção aos limites extremos do país. A nomenclatura é **BR-0XX**; assim, o primeiro algarismo é 0 (zero), e nos algarismos restantes a numeração pode variar de 05 a 95, segundo a razão numérica 05 e no sentido horário. A origem é o meridiano que passa por Brasília.

Rodovias longitudinais

Cortam o país na direção norte-sul. A nomenclatura é **BR-1XX**; assim, o primeiro algarismo é 1 (um) e, nos restantes, a numeração varia de 00 (no extremo leste do país) a 50 (na Capital) e de 50 (na Capital) a 99 (no extremo oeste do país). O número de uma rodovia longitudinal é obtido por interpolação entre 00 e 50 – se a rodovia estiver a leste de Brasília – e entre 50 e 99 – se estiver a oeste – em função da distância da rodovia ao meridiano da Capital Federal.

Rodovias transversais

Cortam o país na direção leste-oeste. A nomenclatura é **BR-2XX**; assim, o primeiro algarismo é 2 (dois) e, nos restantes, a numeração varia de 00 (no extremo norte do país) a 50 (na Capital) e de 50 (na Capital) a 99 (no extremo sul do país). O número de uma rodovia transversal é obtido por interpolação entre 00 e 50 – se a rodovia estiver ao norte da Capital Federal – e entre

50 e 99 – se estiver ao sul – em função da distância da rodovia ao paralelo que passa por Brasília.

Rodovias diagonais

Podem apresentar dois modos de orientação: noroeste-sudeste (NO-SE) ou nordeste-sudoeste (NE-SO). A nomenclatura é **BR-3XX**. O segundo e o terceiro algarismos seguem as seguintes regras:

- **Diagonais orientadas na direção geral NO-SE**: a numeração varia, segundo números pares, de 00 (no extremo nordeste do país) a 50 (em Brasília) e de 50 (em Brasília) a 98 (no extremo sudoeste do país). Obtém-se o número da rodovia mediante interpolação entre os limites consignados em função da distância da rodovia a uma linha com a direção noroeste-sudeste, passando pela Capital Federal.
- **Diagonais orientadas na direção geral NE-SO**: a numeração varia, segundo números ímpares, de 01 (no extremo noroeste do país) a 51 (em Brasília) e de 51 (em Brasília) a 99 (no extremo sudeste do país). Obtém-se o número aproximado da rodovia mediante interpolação entre os limites consignados em função da distância da rodovia a uma linha com a direção nordeste-sudoeste, passando pela Capital Federal.

Rodovias de ligação

Estas rodovias apresentam-se em qualquer direção, geralmente ligando rodovias federais ou, pelo menos, uma rodovia federal a cidades, a pontos importantes ou, ainda, a nossas fronteiras internacionais. A nomenclatura é **BR-4XX**; o primeiro algarismo é 4 (quatro) e, nos restantes, a numeração varia entre 00 e 50, se a rodovia estiver ao norte do paralelo da Capital Federal, e entre 50 e 99, se estiver ao sul dessa referência.

--- Curiosidade ---

Quilometragem das rodovias

A quilometragem das rodovias não é cumulativa de uma unidade da federação para a outra. Logo, toda vez que uma rodovia inicia dentro de um novo estado, sua quilometragem começa novamente a ser contada, a partir de zero. O sentido da quilometragem segue sempre o sentido descrito no Sistema Nacional de Viação (BRASIL, 2011), e, basicamente, pode ser resumido da seguinte forma:

- **Rodovias radiais**: o sentido de quilometragem vai *do anel rodoviário de Brasília em direção aos extremos do país*, tendo o quilômetro zero de cada estado no ponto da rodovia mais próximo à Capital Federal.
- **Rodovias longitudinais**: o sentido de quilometragem vai *do norte para o sul*. As únicas exceções deste caso são a BR-163

e a BR-174, que têm o sentido de quilometragem do sul para o norte.

- **Rodovias transversais**: o sentido de quilometragem vai *do leste para o oeste*.
- **Rodovias diagonais**: a quilometragem inicia *no ponto mais ao norte da rodovia, indo em direção ao ponto mais ao sul*. Como exceções, podemos citar a BR-307, a BR-364 e a BR-392.
- **Rodovias de ligação**: geralmente, a contagem da quilometragem segue *do ponto mais ao norte da rodovia para o ponto mais ao sul*. No caso de ligação entre duas rodovias federais, a quilometragem começa na rodovia de maior importância.

O Quadro 5.3 traz exemplos de cada tipo de rodovia segundo a classificação administrativa.

Alguns outros exemplos de rodovias quanto à classificação administrativa podem ser vistos na Figura 5.3.

Dica

Em alguns casos, ocorrem **superposições** de duas ou mais rodovias. Nesses casos, usualmente é adotado o número da rodovia que tem maior importância. Atualmente, já se adota como rodovia representativa do trecho superposto a rodovia de menor número, tendo em vista a operacionalidade dos sistemas computadorizados.

Quadro 5.3 Exemplos de rodovias de acordo com a classificação administrativa

Rodovias radiais	Rodovias longitudinais	Rodovias transversais	Rodovias diagonais NO-SE	Rodovias diagonais NE-SO	Rodovias de ligação
BR-020 (Brasília – Fortaleza).	BR-101 (Touros – Osório).	BR-230 (Cabedelo – Lábrea).	BR-304 (Natal – Russas).	BR-319 (Manaus – Porto Velho).	BR-401 (Boa Vista – Fronteira BRA/GUI).
BR-040 (Brasília – Rio de Janeiro).	BR-153 (Marabá – Aceguá).	BR-262 (Vitória – Corumbá).	BR-324 (Balsas – Salvador).	BR-365 (Montes Claros – Uberlândia).	BR-407 (Piripiri – Anagé).
	BR-174 (Manaus – Pacaraima).	BR-290 (Osório – Uruguaiana).	BR-364 (Limeira – Rodrigues Alves).	BR-381 (São Mateus – São Paulo).	BR-488 (BR-116/SP – Santuário Nacional de Aparecida).
					BR-470 (Navegantes – Camaquã).

Fonte: Departamento Nacional de Infraestrutura Terrestre (2015a).

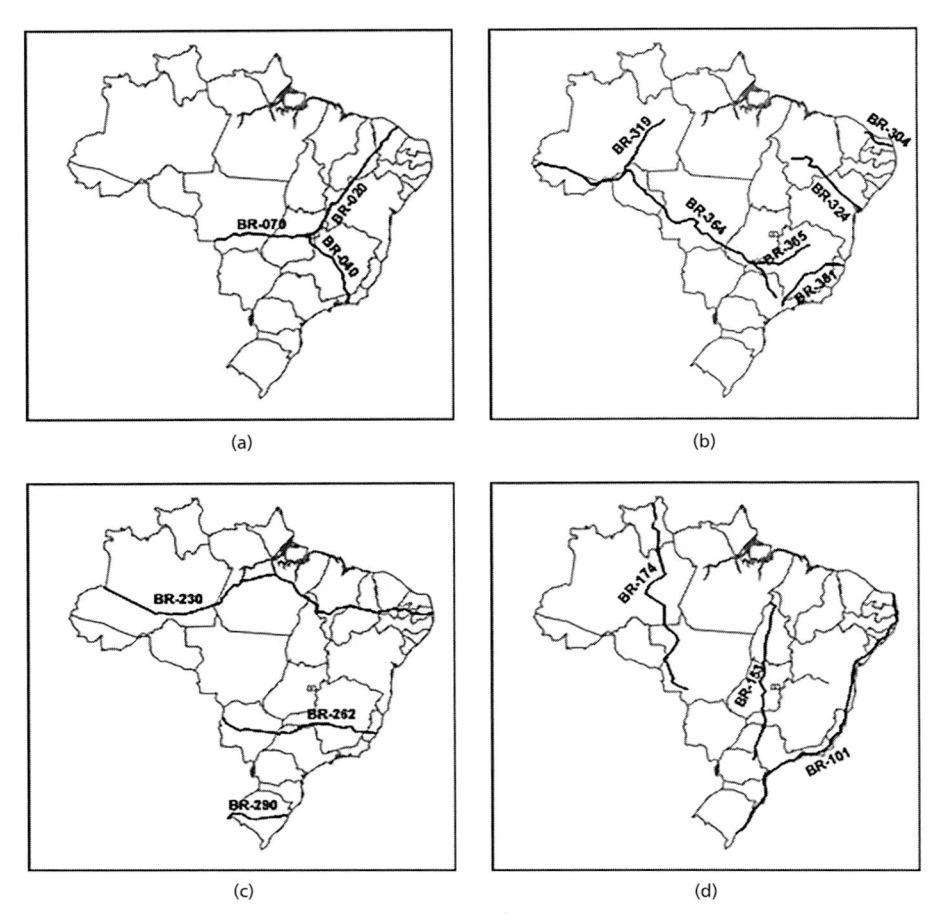

FIGURA 5.3 Classificação administrativa das rodovias: (a) rodovias radiais; (b) rodovias diagonais; (c) rodovias transversais; (d) rodovias longitudinais.
Fonte: Departamento Nacional de Infraestrutura Terrestre (2015a).

Ferrovias

Definição

Ferrovia é um sistema de transporte baseado em trens ou comboios deslocando-se sobre trilhos equidistantes previamente dispostos, sendo também chamada de **via férrea** ou **estrada de ferro**.

De acordo com o Ministério dos Transportes (BRASIL, 2015c), o transporte ferroviário é aquele realizado sobre trilhos para transportar pessoas e mercadorias. As mercadorias transportadas nesse modal são de baixo valor agregado e em grandes quantidades. Entre elas, encontram-se:

- minério;
- produtos agrícolas;
- fertilizantes;
- carvão;
- derivados de petróleo.

Curiosidade

Em muitos países da América Latina e da África, as ferrovias foram preteridas por rodovias como tipo de transporte preferencial.

De uma maneira geral, uma estrada de ferro é constituída por dois trilhos (Figura 5.4) destinados à circulação de trens, veículos leves sobre trilhos (VLTs) e metrôs.

Pereira et al. (2007) indicam que as estradas de ferro são classificadas quanto a sua importância e também em função da bitola utilizada. Existem, ainda, classificações quanto à classe de serviço (velocidade máxima autorizada), à nomenclatura (posição geográfica), e à densidade de tráfego (tonelagem transportada). Abordaremos essas classificações a seguir.

FIGURA 5.4 Via férrea com três "linhas".
Fonte: Kolidzei/iStock/Thinkstock.

Classificação quanto à importância

No que se refere a sua importância, as ferrovias podem ser troncais, secundárias ou ramais, como mostra o Quadro 5.4.

Classificação quanto à bitola

Definição

Bitola é a distância entre as faces internas dos trilhos, medida a 16 mm abaixo do topo ou da cabeça dos trilhos.

Quando a bitola é menor do que 1.435 mm, temos uma ferrovia de bitola estreita; quando é maior, uma ferrovia de bitola larga.

As denominações e os valores das bitolas mais usuais são os seguintes:

- **Bitola métrica**: 1.000 mm.
- **Bitola internacional** ou **padrão**: 1.435 mm.
- **Bitola irlandesa**: 1.600 mm.
- **Bitola ibérica**: 1.668 mm.

Existem ferrovias com bitolas mistas contendo duas bitolas e três trilhos: um trilho lateral, comum a ambas as bitolas; um para a bitola estreita; e um para a bitola larga.

No Brasil, a bitola mais comum é a métrica, utilizada em mais de 80% da rede. No mundo, a mais utilizada é a bitola padrão.

Classificação quanto à classe de serviço

Os segmentos ferroviários do sistema ferroviário federal são classificados em cinco classes de serviço, de acordo com a velocidade máxima autorizada, considerando as seguintes faixas:

- **Classe 1**: velocidade máxima autorizada até 15 km/h.
- **Classe 2**: velocidade máxima autorizada de 15,01 até 40 km/h.
- **Classe 3**: velocidade máxima autorizada de 40,01 até 65 km/h.
- **Classe 4**: velocidade máxima autorizada de 65,01 até 95 km/h.
- **Classe 5**: velocidade máxima autorizada de 95,01 até 125 km/h.

Importante

A velocidade máxima autorizada dos trechos ferroviários é estabelecida conforme os limites de tolerância para os defeitos geométricos de via permanente.

Quadro 5.4 Classificação das ferrovias quanto à importância

Troncais	São caracterizadas como **eixos de maior extensão e demanda**, com forte integração com outras modalidades de transporte, como rodovias, portos, aeroportos e fronteiras.
Secundárias	Servem para atender a **demandas menores** oriundas de regiões não servidas por linhas troncais.
Ramais	São **apêndices dos eixos troncais** e servem para fazer a ligação a pontos importantes, porém mais afastados, por exemplo, a ligação de uma cidade à linha-tronco. Possuem poucas estações.

Classificação quanto à nomenclatura

A nomenclatura das ferrovias é semelhante à das rodovias. A sigla para denominar uma ferrovia é EF, seguida de um traço e uma centena. Da mesma maneira que ocorre nas rodovias, as ferrovias são divididas em: radiais, longitudinais, transversais, diagonais e de ligação.

Ferrovias radiais

As ferrovias radiais são as que partem de Brasília, em qualquer direção, para ligá-la às capitais de estados ou a pontos periféricos importantes. O primeiro algarismo da centena é o 0 (zero). Os demais algarismos vão de 00 a 99, contados no sentido horário, de acordo com o ângulo medido a partir da parte norte do meridiano de Brasília.

Ferrovias longitudinais

As ferrovias longitudinais são aquelas que se orientam na direção geral norte-sul O primeiro algarismo da centena é o 1 (um). Os números complementares são obtidos pela interpolação entre 00 (no extremo leste do país) e 50 (em Brasília) e deste número (em Brasília) a 99 (no extremo oeste do país), proporcionalmente à distância da ferrovia em relação ao meridiano de Brasília.

Ferrovias transversais

As ferrovias transversais se orientam na direção geral leste-oeste. O primeiro algarismo da centena é o 2 (dois). Os algarismos restantes ficam entre 00 (no extremo norte do país) a 50 (no paralelo de Brasília) e deste valor (em Brasília) a 99 (no extremo sul).

Ferrovias diagonais

As ferrovias diagonais orientam-se nas direções nordeste-sudoeste e noroeste-sudeste. O primeiro algarismo da centena é o 3 (três). A numeração complementar varia, segundo números pares, de 00 (no extremo NE) a 50 (em Brasília) e deste valor (em Brasília) a 98 (no extremo SO). Na outra direção, a numeração complementar varia, segundo números ímpares, de 01 (no extremo NO) a 51 (em Brasília) e deste valor (em Brasília) a 99 (no extremo SE).

Ferrovias de ligação

As ferrovias de ligação são as que se posicionam em qualquer direção e não se enquadram nas categorias anteriores. Elas possibilitam a ligação entre diferentes ferrovias ou a pontos importantes. Possuem o número 4 (quatro) como primeiro algarismo da centena. Os outros algarismos variam de 00 a 50 – se a ferrovia estiver ao norte do paralelo de Brasília – e entre 50 e 99 – se estiver ao sul.

> **Curiosidade**
>
> A maioria das ferrovias de ligação constitui-se em ramais coletores regionais.

Classificação quanto à densidade de tráfego

De acordo com Albuquerque (2015) as classes das vias férreas podem, ainda, ser definidas em função da densidade de tráfego (em milhões de toneladas brutas anuais, MTBA) e da velocidade de operação dos trens, segundo os valores apresentados na Tabela 5.2.

Hidrovias e vias navegáveis

> **Definição**
>
> De acordo com o Ministério dos Transportes (BRASIL, 2015c), **hidrovias** são percursos predeterminados para o tráfego sobre águas. Além disso, o MT indica que hidrovia, aquavia, via navegável, caminho marítimo e caminho pluvial são sinônimos.

O transporte hidroviário viabiliza o deslocamento de pessoas e mercadorias. Por esse tipo de modal, consegue-se transportar grandes quantidades de mercadoria a grandes distâncias. Os principais produtos são:

- minérios;
- cascalhos;
- areia;

Tabela 5.2 Classificação das ferrovias quanto à densidade de tráfego

Densidade (MTBA)	Velocidade (km/h)			
	> 160	120-160	80-120	< 80
> 15	A_1	B_1	C_1	D_1
10-15	A_2	B_2	C_2	D_2
5-10	A_3	B_3	C_3	D_3
< 5	A_4	B_4	C_4	D_4

Albuquerque (2015).

- carvão;
- ferro;
- grãos; e
- outros produtos não perecíveis.

O Brasil possui uma rede hidroviária economicamente navegável de aproximadamente 22.037 km. Em 2012, a participação do modal aquaviário, considerando hidrovias e cabotagem (entre portos no litoral), era de 13% do total, sendo que as hidrovias respondiam por 5%. No país, 80% das hidrovias estão na região amazônica, especificamente no complexo Solimões-Amazonas.

--- **Definição** ---

Segundo o Ministério dos Transportes (BRASIL, 2015c), **hidrovia interior** e **via navegável interior** são denominações para rios, lagos ou lagoas navegáveis que recebem algum tipo de melhoria, como sinalização e balizamento, para que um determinado tipo de embarcação possa trafegar com segurança por essa via.

No país, não há uma diretriz clara sobre a classificação das hidrovias. Alguns autores fazem menção às classes de hidrovias brasileiras, mas sem fornecer maiores detalhes acerca de qual sistema de classificação é utilizado como referência. A classificação referida na literatura é a seguinte:

- **Hidrovia Classe A:** canais e rios com mais de 2,10 metros de profundidade durante 90% dos dias do ano. Seu uso é disciplinado e mantido pelo poder público.
- **Hidrovia Classe B:** canais e rios com 1,30 a 2,10 metros de profundidade durante 90% dos dias do ano.

Linhas aéreas

Por meio de linhas ou rotas aéreas devidamente definidas por coordenadas, pessoas e mercadorias se movimentam pelo ar com a utilização de aeronaves. O transporte aéreo é usado preferencialmente para movimentar pessoas e cargas de alto valor agregado de forma rápida e segura.

Importante

As linhas aéreas têm maior densidade nos países desenvolvidos ou em desenvolvimento. Em países subdesenvolvidos ou locais com menores interesses econômicos, o transporte aéreo só atende a questões sociais e de integração nacional.

Podemos classificar as linhas aéreas como:

- **Internacionais:** envolvem aeroportos e alfândegas de diferentes países, viabilizando operações de comércio exterior.
- **Nacionais:** são as chamadas linhas aéreas domésticas, que fazem a ligação entre aeroportos em um mesmo país.

FIGURA 5.5 Aeronave em operação de aterrissagem.
Fonte: Chinnasorn Pangcharoen/iStock/Thinkstock.

Tubovias ou dutovias

O transporte tubular consiste num tipo de transporte em que o veículo utilizado compõe a própria infraestrutura construída, a qual irá permitir a distribuição de produtos a longas distâncias. Isso faz com que este seja um meio seguro e econômico de transporte. Além dos tubos, a estrutura é constituída por válvulas, unidades de compressão, estações de bombeamento, dosagem, regulação e distribuição.

Importante

As tubovias são responsáveis pela diminuição de tráfego tanto nas rodovias quanto nas ferrovias, aumentando, assim, sua segurança e diminuindo a poluição causada pelo tráfego.

Os produtos mais comumente transportados em tubovias são:

- petróleo e seus derivados;
- gás natural;
- minérios.

Curiosidade

A vazão média de gás liquefeito de petróleo (GLP) bombeado para 23 estados, que abastece 35 milhões de consumidores residenciais, é de 3.600 toneladas por dia. Para transportar a mesma quantidade por rodovias, calcula-se que aproximadamente 144 caminhões seriam utilizados, provocando maiores chances de congestionamentos e riscos de acidentes, bem como mais poluição (CONFEDERAÇÃO NACIONAL DO TRANSPORTE, 2012).

Dados da Confederação Nacional do Transporte (2012) indicam que o transporte dutoviário representa apenas 4% da matriz de transportes de cargas no Brasil, na frente apenas do segmento aeroviário. A mesma fonte informa que o Brasil ocupa a 16ª posição no *ranking* mundial, com apenas 22 mil km de dutovias em operação, ficando atrás do México (40 mil km) e da Argentina (38 mil km).

O Quadro 5.5 apresenta duas formas de classificação de tubovias: quanto à finalidade e quanto ao local.

Quadro 5.5 Classificações do transporte tubular

Quanto à finalidade		
Tubovias de coleta	**Tubovias de transporte**	**Tubovias de distribuição**
São constituídas por grupos de tubulações interligadas, formando redes complexas com o objetivo de **transportar petróleo bruto e gás natural de diferentes poços até instalações de tratamento e refino**. Neste grupo, as tubulações são geralmente curtas, com apenas algumas centenas de metros, e com diâmetros menores. Os condutos que recolhem produtos provenientes de plataformas em águas profundas também são considerados tubovias de coleta.	São longas tubulações com grandes diâmetros que **deslocam produtos como petróleo e derivados de gás entre cidades, países e até mesmo continentes**. Essas redes de transporte incluem estações de compressão nas linhas de transporte de gás ou estações de bombeamento, no caso do petróleo ou produtos derivados.	Compostas por várias tubulações interligadas com pequenos diâmetros, são usadas para **levar o produto até o consumidor final**. Constituem-se em linhas de distribuição de determinado produto para residências e empresas.
Quanto ao local		
Tubovias terrestres	**Tubovias subaquáticas**	**Tubovias aéreas**
São as **tubovias posicionadas em terra firme**. Podem estar assentadas em valas ou devidamente enterradas. Normalmente, transportam petróleo bruto e demais produtos até as refinarias ou outras instalações.	São **condutos submersos**, necessários para transportar produtos extraídos de poços localizados em alto-mar. São mais caros e difíceis de construir do que os terrestres.	São **tubulações construídas acima do solo**, concebidas para vencer obstáculos como, por exemplo, a travessia de um curso d'água ou outras necessidades.

Para concluir

Neste capítulo, vimos que há várias formas de classificar rodovias e ferrovias, o que não pode ser dito sobre as hidrovias e as linhas aéreas, que têm modos de classificação bastante sucintos. Isso não significa que estas duas últimas modalidades de vias de transporte não sejam importantes – elas são, principalmente para o transporte de produtos e mercadorias a longa distância, inclusive entre continentes. Contudo, as rodovias e ferrovias são utilizadas cotidianamente pela população, o que talvez justifique a maior preocupação dos órgãos responsáveis em classificá-las.

Ainda com relação à ampla utilização de rodovias e ferrovias, é importante ressaltar, mais uma vez, as vantagens das tubovias em relação a estas no transporte de determinados produtos. O transporte tubular é seguro, econômico e, além disso, pode reduzir a poluição oriunda do tráfego nas rodovias. Apesar disso, ainda é pouco empregado no Brasil.

Atividades

1. Sobre rodovias, marque **V** (verdadeiro) ou **F** (falso).

   ( ) Estrada e rodovia frequentemente são consideradas palavras sinônimas, porém, o CTB faz uma diferenciação entre os conceitos.

   ( ) As rodovias federais são, normalmente, arteriais.

   ( ) Na classificação técnica de rodovias, o DNIT, em relação ao DAER, considera VDMs maiores na divisão entre classes.

   ( ) De acordo com a classificação administrativa de rodovias, o primeiro algarismo das rodovias longitudinais é 0 (zero).

   Assinale a alternativa que apresenta a sequência correta.

   (A) F – F – V – V

   (B) F – V – V – F

   (C) V – F – F – V

   (D) V – V – F – F

2. Quanto à classificação funcional de rodovias, correlacione as colunas.

   (1) Arteriais   ( ) Conectam o tráfego de pequenas áreas a rodovias com maior tráfego.

   (2) Coletoras   ( ) Ligam locais que originam muito tráfego a núcleos populacionais médios.

   (3) Locais   ( ) Atendem ao tráfego de longa distância, ligando e integrando cidades.

   Assinale a alternativa que apresenta a sequência correta.

   (A) 3 – 2 – 1

   (B) 1 – 2 – 3

   (C) 2 – 1 – 3

   (D) 3 – 1 – 2

3. Com relação a ferrovias, assinale a alternativa INCORRETA.

   (A) As ferrovias ramais ligam eixos troncais a pontos importantes e distantes.

   (B) A bitola internacional é a mais utilizada nas ferrovias brasileiras.

   (C) As ferrovias diagonais no sentido NE-SO seguem uma numeração de números pares, enquanto aquelas no sentido NO-SE têm uma numeração de números ímpares.

   (D) Uma ferrovia que atenda trens com velocidade de operação inferior a 80 km/h e densidade de tráfego de 10-15 MTBA é considerada Classe D_2, segundo a classificação quanto à densidade de tráfego.

4. Sobre a classificação de ferrovias quanto à nomenclatura, complete as lacunas do quadro a seguir.

Diagonais	De ligação	Longitudinais	Transversais	Radiais
O primeiro algarismo da centena é _. Na direção nordeste-sudoeste, os demais algarismos variam de __, no extremo _____ do país, a __, em Brasília, e deste valor a __, no extremo _____ do país. Na direção noroeste-sudeste, os demais algarismos variam de __, no extremo _____ do país, a __, em Brasília, e deste valor a __, no extremo _____ do país.	O primeiro algarismo da centena é _. Os demais algarismos variam de __ a __, se a ferrovia estiver a/ao _____ do paralelo de Brasília, e de __ a __ se estiver a/ao _____ de Brasília.	O primeiro algarismo da centena é _. Os demais algarismos variam de __, no extremo _____ do país, a __, em Brasília, e deste valor a __, no extremo _____ do país.	O primeiro algarismo da centena é _. Os demais algarismos variam de __, no extremo _____ do país, a __, em Brasília, e deste valor a __, no extremo _____ do país.	O primeiro algarismo da centena é _. Os demais algarismos variam de __ a __, contados no sentido horário, de acordo com o ângulo medido a partir da parte _____ do meridiano de Brasília.

5. No que diz respeito a hidrovias e linhas aéreas, considere as alternativas a seguir.

   I A maior parte das hidrovias brasileiras localiza-se na região Sul do país.

   II Minérios, cascalhos e grãos estão entre as principais mercadorias transportadas por hidrovias.

   III As linhas aéreas internacionais viabilizam operações de comércio exterior.

   IV Os países subdesenvolvidos costumam ter uma grande densidade de linhas aéreas.

   Quais estão corretas?

   (A) I e II.
   (B) II e III.
   (C) I, II e III.
   (D) II, III e IV.

6. Sobre rodovias, correlacione a coluna à esquerda com a coluna à direita.

(1) Tubovias de coleta

(2) Tubovias de transporte

(3) Tubovias de distribuição

( ) As tubulações costumam ter poucas centenas de metros e pequenos diâmetros.

( ) Transportam petróleo e derivados de gás entre países e continentes.

( ) As tubulações costumam ser longas e com grandes diâmetros.

( ) São compostas por várias tubulações interligadas com pequenos diâmetros.

( ) Transportam petróleo e gás de poços até instalações de tratamento.

( ) Transportam o produto até o consumidor final.

Assinale a alternativa que apresenta a sequência correta.

(A) 2 – 2 – 3 – 1 – 1 – 3
(B) 2 – 3 – 1 – 3 – 2 – 1
(C) 1 – 2 – 2 – 3 – 1 – 3
(D) 3 – 1 – 2 – 2 – 3 – 1

CAPÍTULO

6

Vias de transporte urbano

Atualmente, a maioria da população brasileira vive em zonas urbanas. Nesse contexto, pensar em como tornar o deslocamento das pessoas nas cidades mais eficaz e seguro é um aspecto fundamental, um tópico que precisa estar constantemente em pauta nas diferentes esferas do governo. As vias urbanas constituem uma peça-chave nessa discussão.

Neste capítulo, iniciaremos conhecendo o conceito e as principais características das vias urbanas. Em seguida, abordaremos duas formas de classificar essas vias: uma delas de acordo com o Código de Trânsito Brasileiro e outra segundo a função da via. Em associação com a classificação funcional, discutiremos rapidamente o papel do perfil transversal no planejamento de vias urbanas. A seguir, focaremos aspectos a serem considerados e tipos de vias para bicicletas, ônibus e pedestres.

Neste capítulo você estudará:

- A definição e as características de vias urbanas.
- A classificação de vias urbanas de acordo com o Código de Trânsito Brasileiro e com a função da via.
- A finalidade do estabelecimento do perfil transversal no projeto de uma via a urbana.
- As vantagens e desvantagens do uso da bicicleta.
- Vias para bicicletas, para ônibus e para pedestres.

Definição e características

Definição

Vias urbanas constituem o conjunto de avenidas, ruas, corredores, ciclovias, vielas, caminhos e similares abertos para a circulação pública nas áreas urbanas das cidades. São caracterizadas por possuírem edificações construídas ao longo de sua extensão.

As vias urbanas são compostas por faixas de rolamento de veículos, passeios, acostamentos, canteiros centrais e outros dispositivos. Por suas superfícies, transitam veículos, pessoas, mercadorias e animais. A Figura 6.1 traz, como exemplo de via urbana, a foto de uma famosa avenida.

Formas de classificação

Classificação de acordo com o Código de Trânsito Brasileiro

O Art. 60 do Código de Trânsito Brasileiro (BRASIL, 1997) classifica as vias urbanas abertas à circulação de acordo com sua utilização. O Art. 61 do Código, por sua vez, predefine as velocidades de operação das vias urbanas

FIGURA 6.1 Avenue Champs-Élysées, Paris, França.
Fonte: pichet_w/iStock/Thinkstock.

segundo esta classificação; o § 1º deste código indica as velocidades máximas onde não houver sinalização regulamentadora (Quadro 6.1).

--- **Importante** ---

É importante que o órgão responsável **divulgue** a classificação das vias da cidade para que os usuários entendam as **regras de utilização e ocupação**.

Classificação funcional

A classificação funcional das vias urbanas é muito similar à das rodovias e procura atender às mesmas finalidades. A necessidade de hierarquização de uma via urbana decorre da quantidade de deslocamentos diários que ocorrem por dia nesta via. Na maioria das situações, o deslocamento é de casa para o trabalho, considerado o mais importante.

--- **Importante** ---

A classificação do conjunto de vias segundo a função que exercem dentro do sistema viário representa o passo inicial do processo de planejamento, já que visa estabelecer uma hierarquia de vias para o atendimento dos deslocamentos dentro da área urbana. A classificação funcional define a natureza desse processo de canalização, determinando a função que deve exercer determinada via no escoamento do tráfego.

Quadro 6.1 Classificação das vias urbanas segundo o Código de Trânsito Brasileiro

Tipo de via	Definição	Velocidade máxima
De trânsito rápido	É aquela caracterizada por acessos especiais com trânsito livre, sem interseções em nível, sem acessibilidade direta aos lotes lindeiros e sem travessia de pedestres em nível.	80 km/h
Arterial	É aquela caracterizada por interseções em nível, geralmente controlada por semáforo, com acessibilidade aos lotes lindeiros e às vias secundárias e locais, possibilitando o trânsito entre as regiões da cidade.	60 km/h
Coletora	É aquela destinada a coletar e distribuir o trânsito que tenha necessidade de entrar ou sair das vias de trânsito rápido ou arteriais, possibilitando o trânsito dentro das regiões da cidade.	40 km/h
Local	É aquela caracterizada por interseções em nível não semaforizadas, destinada apenas ao acesso local ou a áreas restritas.	30 km/h

Baseado no Código de Trânsito Brasileiro (BRASIL, 1997).

A classificação funcional normalmente é estabelecida de acordo com a mobilidade e a acessibilidade permitidas. Conforme visto no Capítulo 5, mobilidade é o grau de facilidade para o deslocamento e acessibilidade é o grau de facilidade que a via oferece para conectar a origem de uma viagem com seu destino.

De acordo com o *Manual de projeto de travessias urbanas* (DEPARTAMENTO NACIONAL DE INFRAESTRUTURA DE TRANSPORTES, 2010), a classificação funcional sugerida é a seguinte:

- sistema arterial principal;
- sistema arterial secundário;
- sistema coletor;
- sistema local.

Sistema arterial principal

No Brasil, não existem vias do com as mesmas características e funções das vias expressas e *freeways* norte-americanas, com controle total de acesso e interseções em desnível. Portanto, vamos considerar que o sistema arterial principal seja aquele constituído por vias arteriais primárias.

--- **Definição** ---

Vias arteriais primárias são vias urbanas que atendem ao tráfego direto com percurso contínuo. Elas possuem controle de acesso aos lotes lindeiros para minimizar o atrito lateral com o fluxo de veículos e demais pontos de conflito.

As vias arteriais primárias:

- devem ter acessos com um projeto adequado de entradas e saídas e restrições quanto aos retornos;
- precisam prover elevado grau de mobilidade para as viagens mais longas, oferecendo velocidades de operação e níveis de serviço elevados;
- podem ou não contar com um canteiro central para separar as pistas com correntes de tráfego opostas; e,
- na maioria dos casos, possuem restrições a estacionamentos junto ao meio-fio.

Sistema arterial secundário

O sistema arterial secundário de vias urbanas se interconecta com o sistema arterial principal, atendendo a percursos de viagens com extensões intermediárias, em níveis de serviço inferiores àqueles que são típicos das vias arteriais primárias.

Além disso, este sistema:

- atende às viagens com grau de mobilidade um pouco inferior ao do sistema arterial principal;
- distribui o tráfego por áreas menores do que as atendidas pelo sistema principal;
- é mais flexível quanto à possibilidade de acessos às propriedades;
- conta com vias que podem acomodar as linhas de ônibus locais; e
- inclui as conexões urbanas com vias coletoras rurais, com exceção das que já fazem parte do sistema arterial principal.

Sistema coletor

O sistema coletor tem a função principal de conectar as ruas locais com as vias arteriais. O sistema proporciona continuidade dos fluxos entre os bairros, porém, a baixas velocidades. As vias do sistema coletor podem penetrar nas vizinhanças residenciais, distribuindo o tráfego das vias arteriais até seus destinos finais.

O sistema coletor também:

- coleta o tráfego das vias locais desde as áreas residenciais até o sistema arterial;
- possibilita o acesso às residências adjacentes que não forem atendidas por vias locais e às vias do centro da cidade, com grande volume de tráfego.
- pode atender aos trechos coletores e distribuidores de linhas de **ônibus**; e
- pode ter espaços de estacionamento em um ou ambos os lados da via.

Importante

No sistema coletor, os eventuais cruzamentos com outras vias coletoras ou vias locais devem ser controlados por semáforos ou sinais de parada obrigatória na via local que interceptar.

Sistema local

O sistema local compreende todas as vias não incluídas em sistemas hierarquicamente superiores. Sua função básica é permitir o acesso das propriedades que lhe são adjacentes.

Além disso, o sistema local:

- oferece o menor nível de mobilidade;
- normalmente não contém itinerários de ônibus; e

- tem o atendimento ao tráfego de passagem deliberadamente desencorajado.

Definição

As **vias locais** viabilizam chegar ou sair de casa com conforto e segurança. São as ruas de bairro onde predomina o tráfego de veículos de passeio, bicicletas e deslocamentos a pé.

Curiosidade

O Plano Diretor de Desenvolvimento Urbano e Ambiental de Porto Alegre (2010b) adota uma classificação funcional das vias urbanas da cidade e discrimina as características de cada via conforme o Quadro 6.2.

Perfil transversal

A classificação funcional das vias urbanas indica a finalidade de uso das vias. Além do uso, para cada tipo de via existe uma demanda de deslocamentos

Quadro 6.2 Características funcionais do sistema viário de Porto Alegre

Vias →	Locais	Coletoras	Arteriais
Atividade predominante	Tráfego de início ou fim de viagem	Transporte coletivo e tráfego de médias distâncias	Tráfego de longas distâncias
Movimento de pedestres	Intenso com travessias aleatórias	Travessias controladas	Mínimo com dispositivos de segurança
Estacionamento	Normalmente permitido	Considerável, depende do fluxo e estrutura da via	Somente se o tráfego permitir
Atividade de veículos pesados	Reduzido à necessidade de entregas nas ruas	Tráfego de Passagem	Conveniente para todas as travessias
Acesso de veículos as propriedades	Atividade predominante	Menos intenso que as vias locais	Somente se não houver outra possibilidade de acesso
Tráfego local	Predominante	Significativo	Nulo
Tráfego de passagem	Nulo	Pouco existente	Predominante

Fonte: PDDUA de Porto Alegre (2010b).

com finalidades similares. Essa demanda é maior nas vias arteriais e menor nas locais. Por esse motivo, a geometria deve ser compatível com a intensidade da utilização.

— **Importante** —

O atendimento à classificação funcional das vias urbanas é indispensável nos estudos urbanísticos de expansão dos limites das cidades. Projetos de áreas residenciais e industriais devem prever vias hierarquizadas com funções e dimensões compatíveis com o uso previsto. Um plano diretor que regula o desenvolvimento de uma cidade deve orientar os técnicos e investidores quanto a essa necessidade.

O Anexo 9 ("Classificação e perfis viários") do PDDUA de Porto Alegre (2010b) estabelece uma série de perfis transversais ou gabaritos de projeto para vias urbanas de acordo com a classificação funcional prevista. A Figura 6.2 mostra as dimensões para vias arteriais, coletoras e locais.

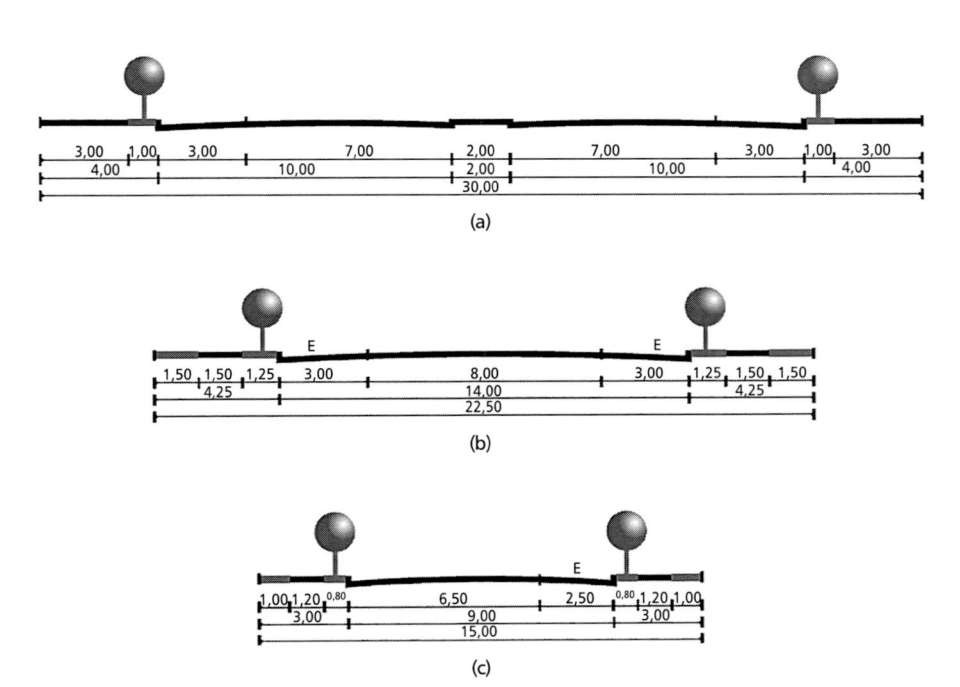

FIGURA 6.2 Gabaritos de vias urbanas: (a) via arterial; (b) via coletora; (c) via local.
Fonte: PPDUA de Porto Alegre (2010b).

Vias para bicicletas

Definição

Bicicleta é o veículo de propulsão humana dotado de duas rodas, não sendo, para efeito do CTB, similar à motocicleta, à motoneta e ao ciclomotor.

A utilização da bicicleta como meio de transporte tem crescido muito nas áreas urbanas. Observa-se, cada vez mais, o uso de bicicletas para deslocamentos aos locais de trabalho, de forma interligada ou não com o transporte público. Tradicionalmente, constitui também uma atividade de recreio e lazer. Portanto, não só projetos novos, mas também o sistema viário existente, devem considerar a necessidade do tráfego de bicicletas.

O Quadro 6.3 lista as principais vantagens e desvantagens do uso da bicicleta como transporte.

Curiosidade

Andrade (2014), em artigo publicado no Portal Fórum informa que, no Brasil, existem mais de 60 milhões de bicicletas e que metade é utilizada pela população para ir ao trabalho. Em cidades brasileiras como Rio de Janeiro, São Paulo e Curitiba, existem boas redes de ciclovias e projetos em andamento. No mundo, destacam-se centros como Bogotá, Paris, Nova York, Berlim e Amsterdã como locais de uso muito intenso da bicicleta como meio de transporte.

Quadro 6.3 Vantagens e desvantagens da bicicleta

Vantagens	Desvantagens
Seu uso faz bem para a saúde.	É vulnerável a roubo.
Dez bicicletas estacionadas ocupam a vaga de um automóvel.	Junto com os pedestres, é o lado mais fraco nas colisões.
Cinco bicicletas em movimento ocupam o espaço de um automóvel.	É difícil subir aclives com ela.
Nas distâncias entre 400 m e 1,5 km, é o meio de transporte mais rápido.	É sensível ao vento, ao frio e à chuva.
	É lenta para maiores trajetos.
	Tem pouca infraestrutura.
Cinco mil bicicletas em circulação representam 6,5 t a menos de poluentes no ar.	Expõe o condutor à poluição.
É silenciosa.	É difícil achar lugar para estacioná-la.
É uma modalidade de transporte sustentável.	A falta de iluminação noturna e de sinalização específica representa um perigo.
É um dos meios de transporte de menor custo.	

A bicicleta com o ciclista pode ser associada a um prisma com as seguintes dimensões:

- altura de 2,50 m;
- largura de 1 m;
- comprimento de 1,90 m.

Assim, uma via, para conter o movimento unidirecional de bicicletas, deve ter uma largura mínima de 1,25 m, sendo que 1,50 m é mais confortável. Pode-se observar o espaço necessário para o ciclista na Figura 6.3.

A escolha do tipo de via para bicicletas depende do espaço disponível na via urbana e da disponibilidade de recursos.

Pistas compartilhadas

O espaço viário público é disputado não só por ciclistas mas condutores e seus variados tipos de veículos com objetivos diversos, todos buscando conforto, segurança e menor tempo de viagem. Assim, no Brasil, a maioria das bicicletas trafega em ruas que não foram devidamente projetadas para esse fim.

—— **Para saber mais** ——————————————————————————

Nas rodovias de pista dupla, o CTB (BRASIL, 1997, Art. 58) admite a circulação de bicicletas na faixa externa. Nas rodovias de pista simples, o tráfego de bicicletas deve ser no acostamento, no mesmo sentido dos demais veículos.

FIGURA 6.3 Espaço necessário para a bicicleta.
Fonte: Departamento Nacional de Infraestrutura De Transportes (2010).

Duas boas medidas para dar condições ao tráfego compartilhado envolvem prever a faixa de rolamento externa mais larga (4,20 m seria um bom valor) e manter acostamentos pavimentados nas estradas. O espaço viário ocupado por bicicletas também é utilizado por motocicletas, o que torna o deslocamento de ambos mais problemático.

Em cidades pequenas, onde o tráfego de automóveis não é muito crítico, as bicicletas sempre foram um meio tradicional de transporte, mesmo sem ciclovias ou ciclofaixas.

Ciclovias

Definição

Ciclovias são pistas destinadas exclusivamente ao tráfego de bicicletas, separadas fisicamente do tráfego motorizado.

As ocorrências mais comuns de ciclovias são junto a regiões de relevo plano, como margens dos rios, praias, lagos, canais, áreas portuárias e parques. A melhor utilização de ciclovias é quando elas formam uma rede interconectada com outras modalidades de transporte, facilitando os deslocamentos ao trabalho.

Importante

O traçado da ciclovia tem maior flexibilidade do que traçados rodoviários devido à baixa velocidade (máxima de 50 km/h nos declives), à maior facilidade para manobras e às pequenas distâncias de frenagem.

Uma condição severa que afeta o traçado da via são os aclives. Os ciclistas aceitam, no máximo, inclinações de 4 a 5%.

Os maiores inconvenientes no projeto e operação de ciclovias estão nas interseções. Deve haver um tratamento na interseção viária, a fim de diminuir os conflitos entre bicicletas e os demais veículos. Também é importante verificar a viabilidade de posicionar a travessia no meio da quadra.

As ciclovias podem se localizar em canteiros centrais de vias públicas, passeios com largura disponível ou mesmo junto ao meio-fio das vias, eliminando-se, neste caso, os estacionamentos.

A Figura 6.5 apresenta a proposta de perfil transversal para ciclovia do PPDUA de Porto Alegre (2010b).

FIGURA 6.4 Ciclovia localizada em Salvador, Bahia.
Fonte: O autor.

Ciclofaixas

Definição

Ciclofaixa é uma parte da pista de rolamento destinada exclusivamente ao tráfego de bicicletas, delimitada por linhas longitudinais pintadas sobre o pavimento (geralmente em vermelho) e com sinalização específica. Pode-se criar uma ciclofaixa diminuindo a largura das faixas de rolamento de veículos motorizados ou proibindo o estacionamento lateral.

Quando a ciclofaixa está localizada entre um espaço de estacionamento e o meio-fio, muitas vezes ocorrem incidentes com portas de veículos. Porém, o maior problema nas ciclofaixas é a proximidade com outros veículos. Nem

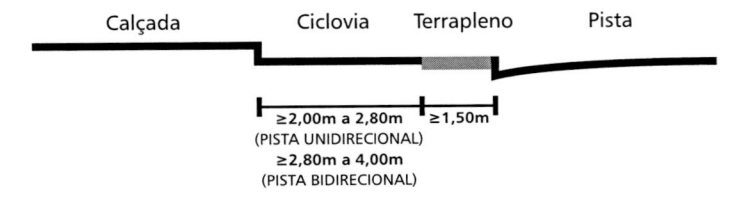

| Calçada | Ciclovia | Terrapleno | Pista |

≥2,00m a 2,80m (PISTA UNIDIRECIONAL)
≥2,80m a 4,00m (PISTA BIDIRECIONAL)
≥1,50m

FIGURA 6.5 Proposta de seção transversal para ciclovia.
Fonte: PDDUA de Porto Alegre (2010b).

sempre há respeito por parte dos condutores de veículos maiores em relação aos ciclistas. Neste caso, deve-se investir em educação e fiscalização para estabelecer harmonia entre os partícipes do sistema.

Atenção

Ao criar uma ciclofaixa, um cuidado importante é com os dispositivos de drenagem superficial junto ao meio-fio das ruas.

Bicicletários e paraciclos

Para que o modo bicicleta prospere, é necessária uma adequada infraestrutura para viabilizar os deslocamentos entre a casa e o trabalho. Além das ciclovias e ciclofaixas, outra questão do ciclista é: onde deixar a bicicleta enquanto trabalha? Assim surgem os bicicletários, que procuram oferecer segurança e dignidade a este modo de transporte.

Definição

Um **bicicletário** nada mais é do que um estacionamento para bicicletas. De uma maneira geral, entende-se que bicicletário é um estacionamento amplo. Alguns têm acesso controlado, permitindo o estacionamento de longa duração e oferecendo muitas vagas e maior segurança.

FIGURA 6.6 Ciclofaixa em Porto Alegre, Rio Grande do Sul.
Fonte: O autor.

Segundo a ONG ASCOBIKE (2015), o estacionamento também pode ser em um dispositivo mais simples, no chamado **paraciclo**, que é fixado no piso, parede ou teto e tem a finalidade de manter algum grau de segurança contra furtos (Figura 6.7).

Bicicletários e paraciclos são bem-vindos em espaços públicos e em todos os lugares considerados polos atrativos de viagens:

- terminais de transporte coletivo;
- escolas;
- prédios comerciais;
- condomínios residenciais;
- hospitais;
- *shopping centers*;
- supermercados;
- locais de trabalho;
- outros locais que recebem diariamente muitas pessoas, as quais poderão acessá-los por bicicleta.

FIGURA 6.7 Paraciclo localizado em parque de Florianópolis, Santa Catarina.
Fonte: O autor.

Para refletir

A bicicleta é um meio de transporte ótimo para pequenos percursos e facilita o deslocamento das pessoas nos centros urbanos.

+ bicicletas =
− carros nas ruas
− congestionamentos
− poluição
+ qualidade de vida

Pensando nisso, pesquise ONGs e outras associações que promovam a utilização de bicicletas na região onde você reside e veja de que forma você poderia ajudar a fomentar a construção de mais vias adequadas para esse modo de locomoção.

Vias para ônibus

Definição

Transporte coletivo público é o serviço destinado a transportar, ao mesmo tempo, uma diversidade grande de pessoas. Neste grupo, encontramos o metrô, o avião, o ônibus e outros.

No Brasil, a maioria das pessoas é transportada por ônibus, particularmente no meio urbano. No Brasil, o transporte coletivo por ônibus ainda tem muito a melhorar, devido a problemas relacionados a:

- lotação em determinados horários;
- frequência;
- itinerários;
- tempo de viagem.

Deslocamentos rápidos por ônibus são limitados porque normalmente as linhas comuns combinam **coleta** e **distribuição** desde os bairros afastados até a área central. Como nesses casos as vias existentes servem todos os veículos motorizados da frota, não é possível o desenvolvimento de maiores velocidades.

Poucas áreas urbanas dispõem de vias expressas para linhas de ônibus contendo poucas paradas intermediárias ou mesmo com viagens diretas. Neste caso, o serviço prestado é melhor para o atendimento às demandas de usuários das áreas mais afastadas dos centros urbanos.

Pistas exclusivas

Não sendo possível dotar o transporte de massa de pistas expressas, deve-se investigar a possibilidade de programar pistas exclusivas para ônibus localizadas na largura das faixas de domínio, em canteiros centrais ou em áreas disponíveis nas vias existentes.

— **Dica**

Muitas vezes, **pequenos alargamentos** na via viabilizam a adoção de pistas exclusivas com **baixo valor de desapropriações**.

— **Curiosidade**

Porto Alegre foi uma das primeiras cidades brasileiras a adotar corredores exclusivos para ônibus a partir do aproveitamento dos antigos corredores de bondes elétricos na parte central de vias arteriais. Atualmente, essas pistas estão sendo preparadas para uso do sistema ***Bus Rapid Transit*** **(BRT; transporte rápido por ônibus)**.

Atualmente, muitas cidades, como Curitiba, Belo Horizonte, Rio de Janeiro, etc., possuem BRTs com bons resultados.

BRT é um sistema de transporte coletivo de passageiros que proporciona maior mobilidade, conforto, segurança e eficiência por meio de uma infraestrutura segregada e da utilização de veículos com maior capacidade.

FIGURA 6.8 Pista exclusiva de ônibus na Av. João Pessoa, Porto Alegre, Rio Grande do Sul.
Fonte: BRT Brasil (2014).

FIGURA 6.9 Ônibus biarticulado utilizado no sistema BRT.
Fonte: BRT Brasil (2014).

Faixas exclusivas

Adotam-se faixas exclusivas para estabelecer a prioridade para o transporte público por meio de ações de baixo custo. Elas contribuem para a redução da interferência causada por outros veículos na operação dos ônibus (ASSOCIAÇÃO NACIONAL DAS EMPRESAS DE TRANSPORTES URBANOS, 2013).

Em vias arteriais, pode-se melhorar a velocidade dos coletivos quando se reserva uma faixa de rolamento para ônibus junto ao meio-fio. Esta medi-

FIGURA 6.10 Faixa exclusiva na Av. Presidente Vargas, Rio de Janeiro, Rio de Janeiro.
Fonte: Associação Nacional das Empresas de Transportes Urbanos (2013).

da perde um pouco a eficácia quando há necessidade de conversão à direita dos outros veículos do fluxo.

— Dica

Uma forma de assegurar o uso da faixa exclusiva é providenciar uma separação física e inverter o sentido do tráfego nas demais faixas. É o chamado **contrafluxo**, utilizado quando o tráfego é muito intenso.

Faixas exclusivas de ônibus são boas porque, como a capacidade de um ônibus é superior à de um carro de passeio, há uma redução grande no tempo de deslocamento da maioria dos usuários do sistema. Em muitas cidades, as faixas exclusivas são utilizadas como medidas de incentivo à diminuição do uso do automóvel. Elas são utilizadas com bons resultados em cidades brasileiras como Goiânia, São Paulo, Rio de Janeiro e Porto Alegre, entre outras.

Vias de pedestres

— Definição

Vias de pedestres são vias ou um conjunto de vias destinadas à circulação prioritária de pedestres.

FIGURA 6.11 Sinalização de faixa exclusiva para ônibus em São Paulo, São Paulo.
Fonte: Foto de Marcos Santos, Imagens USP.

A interferência mútua (ou o conflito) entre pedestres e o tráfego de veículos motorizados constitui um dos grandes problemas a serem considerados no planejamento de infraestrutura viária urbana. Os pedestres devem ser protegidos da agressividade imposta por condutores de veículos maiores, pois são a parte mais vulnerável do sistema. Particularmente em sociedades onde predomina o culto ao automóvel, fica mais difícil tomar medidas adequadas ao atendimento das necessidades dos pedestres.

O atendimento ao pedestre considera dispositivos como:

- passeios públicos (calçadas);
- faixas para travessia de pedestres;
- semáforos;
- rebaixamento do meio-fio;
- paradas e terminais de embarque e desembarque;
- passarelas;
- escadas;
- esteiras;
- escadas rolantes;
- elevadores;
- calçadões;
- rampas de acesso.

Para refletir

Na verdade, trânsito e pedestres são complementares. Sempre ocorrem deslocamentos a pé, no início e fim das viagens. De uma forma ou outra, todos são pedestres!

Os dispositivos que já existem para facilitar o trânsito de pedestres em meio ao tráfego de veículos (p. ex., faixas de segurança, semáforos, passarelas) são suficientes? Tente pensar em algo novo (ou já existente em outros países) que possa trazer mais segurança a essa interação pedestre-veículo.

Os pedestres possuem um "padrão de deslocamento" caracterizado pela irregularidade de trajeto e mudanças repentinas na direção e velocidade. O pedestre segue a "lei no menor esforço", ou seja, tem preferência por trajetos retilíneos e menores inclinações longitudinais.

Importante

Em princípio, passagens subterrâneas ou mesmo passarelas são evitadas por pedestres, pois significam desvios dos trajetos e maior esforço físico para utilização.

O pedestre não percorrerá mais de 1 km para pegar um ônibus ou 1,5 km para chegar até o trabalho. Em média a maioria caminha menos do que 400 m (DEPARTAMENTO NACIONAL DE INFRAESTRUTURA DE TRANSPORTES, 2010). A publicação *Pedestrian Facilities Users Guide* (U.S. DEPARTMENT OF TRANSPORTATION, 2002) comenta que a maioria dos deslocamentos a pé não excede 800 m e indica também que existe uma forte correlação entre uso do solo, planejamento urbano e transportes, na qual se insere o pedestre, mas, frequentemente, isso tem sido ignorado.

Passeios

Definição

Passeio é o local do deslocamento de pedestres em geral e faz parte do sistema viário de uma cidade. O passeio é construído em um nível mais elevado do que o da borda da via.

Os passeios devem ser devidamente dimensionados, pois, além do tráfego de pedestres, devem conter espaços para dispositivos de iluminação pública, hidrantes, vegetação e outros mobiliários públicos. Uma boa medida para a largura é 2,40 m. Em áreas residenciais, nunca devem ser menores do que 1,20 m. Em determinadas situações, para dar maior segurança e conduzir o pedestre a um local de travessia adequado, são posicionados gradis ou pequenas cercas próximas ao meio-fio.

A inclinação transversal recomendada para passeios é 2% com caimento para o meio-fio. Atualmente, os pavimentos dos passeios possuem lajotas com relevo táctil para maior segurança dos deficientes visuais.

Atenção

A inclinação longitudinal dos passeios não deve ser maior do que 5%, que é o limite aceitável para pedestres com algum impedimento físico. Acima de 8%, é necessário que haja guarda corpo ou corrimão.

Os passeios públicos são também locais de convivência entre pessoas, para que sentem-se em um banco, tomem um café ou batam um papo, apreciando a forma da cidade. Há uma tendência para incentivar a construção de passeios e demais logradouros com foco na qualidade de vida dos cidadãos.

FIGURA 6.12 Passeio como área de convivência.
Fonte: Isaxar/iStock/Thinkstock.

▰— Para concluir

Ao longo deste capítulo, vimos como classificar vias urbanas. Com o crescimento das cidades, esse tipo de classificação vai ficando cada vez mais importante, pois fornece subsídios para os órgãos responsáveis criarem vias adequadas que atendam os diferentes atores e meios de transporte que coexistem no ambiente urbano.

Além disso, abordamos as vias voltadas a bicicletas, ônibus e pedestres. Seja para exercitar-se, passear ou economizar dinheiro nos deslocamentos, muitas pessoas vêm aderindo ao uso da bicicleta nos últimos tempos. Aos poucos, as ciclovias e ciclofaixas ganham espaço nos centros urbanos, mas ainda há muito a ser feito. O mesmo pode ser dito a respeito dos ônibus, cujos usuários ainda sofrem com problemas de lotação, frequência, entre outros. Felizmente, muitas cidades já contam com pistas e faixas exclusivas, bem como BRTs, que constituem medidas que reduzem esses problemas. Por fim, é necessário citar o caso dos pedestres. Os interesses destes, com frequência, entram em conflito com os de condutores de veículos automotores. Essa é uma questão complicada no planejamento da infraestrutura viária urbana, a qual precisa ser analisada com cuidado nos projetos de vias, a fim de atender a todos os usuários do sistema.

Atividades

1. Sobre a classificação de acordo com o CTB das vias urbanas, correlacione as colunas.

   (1) Via de trânsito rápido
   (2) Via arterial
   (3) Via coletora
   (4) Via local

   ( ) Permite o trânsito dentro das regiões da cidade.
   ( ) É caracterizada por interseções em nível sem semáforos.
   ( ) A velocidade máxima permitida é 80 km/h.
   ( ) A velocidade máxima permitida é 40 km/h.
   ( ) A velocidade máxima permitida é 60 km/h.
   ( ) Possibilita o trânsito entre as regiões da cidade.
   ( ) É caracterizada por acessos especiais com trânsito livre.
   ( ) A velocidade máxima permitida é 30 km/h.

   Assinale a alternativa que apresenta a sequência correta.

   (A) 1 – 3 – 3 – 4 – 2 – 2 – 4 – 1
   (B) 2 – 1 – 2 – 3 – 3 – 1 – 4 – 4
   (C) 3 – 4 – 1 – 3 – 2 – 2 – 1 – 4
   (D) 4 – 4 – 1 – 2 – 3 – 2 – 1 – 3

2. Quanto à classificação funcional das vias urbanas, marque **V** (verdadeiro) ou **F** (falso).

   ( ) Nas vias arteriais primárias, sempre há um canteiro central para separar as pistas com correntes de tráfego opostas.
   ( ) O sistema arterial secundário atende a viagens com grau de mobilidade inferior ao do sistema arterial primário.
   ( ) A função principal do sistema coletor é conectar ruas locais com vias arteriais.
   ( ) É comum haver itinerários de ônibus no sistema local.

   Assinale a alternativa que apresenta a sequência correta.

   (A) F – F – V – V
   (B) F – V – V – F
   (C) V – F – F – V
   (D) V – V – F – F

3. Verifique, junto à prefeitura de seu município, se, no plano diretor ou em outro instrumento, foram estabelecidos perfis transversais ou gabaritos funcionais para as vias urbanas segundo a classificação funcional. Em caso positivo, compare-os com os de Porto Alegre (Figura 6.2).

4. Com relação às vias para bicicletas, assinale a alternativa correta.

    (A) Em distâncias entre 600 m e 3 km, a bicicleta é o meio de transporte mais rápido.

    (B) As ciclovias costumam estar presentes em regiões com muitos aclives.

    (C) Enquanto a ciclovia é uma pista destinada exclusivamente ao tráfego de bicicletas, a ciclofaixa consiste em uma parte da pista de rolamento que é direcionada a esse tráfego.

    (D) Bicicletário e paraciclo são palavras sinônimas.

5. Considere as alternativas a seguir no que diz respeito às vias para ônibus.

    I Geralmente, as áreas urbanas contam com vias expressas para ônibus, o que faz com que os usuários dessas áreas sejam mais bem atendidos do que os usuários de regiões afastadas dos centros urbanos.

    II Nas áreas urbanas do Brasil, o ônibus é o principal meio de transporte coletivo público.

    III O sistema BRT provê maior mobilidade, segurança e conforto em relação aos ônibus convencionais e já está presente em algumas capitais do Brasil, com bons resultados.

    IV A adoção de faixas exclusivas é uma ação de baixo custo para estabelecer a prioridade para o transporte público.

    Quais estão corretas?

    (A) I e II.

    (B) II e III.

    (C) I, II e III.

    (D) II, III e IV.

6. Com relação aos passeios, complete as lacunas a seguir:

    Uma medida adequada para a largura de passeios é ____ metros. Em áreas residenciais, a largura nunca deve ser inferior a ____ metros. Quanto à inclinação transversal, a recomendação é _%, com caimento para o meio-fio.

    Assinale a alternativa que apresenta a sequência correta.

    (A) 2,40; 1,20; 2.

    (B) 2,40; 1,00; 3.

    (C) 2,10; 1,20; 2.

    (D) 2,10; 1,00; 3.

CAPÍTULO

7

Interseções entre vias de transportes

Nos Capítulos 5 e 6, abordamos as classificações de vias rurais e urbanas. Seja qual for o ambiente em que as vias forem construídas, elas, inevitavelmente, virão a se interceptar com outras vias, e o planejamento desses cruzamentos deve ser feito com cautela, considerando vários aspectos.

Neste capítulo, estudaremos as interseções entre vias de transportes, começando por sua definição. Em seguida, conheceremos dois conceitos importantes para a definição das interseções: movimentos e conflitos. Depois, abordaremos os principais tipos de interseção em nível e em desnível. Por fim, falaremos brevemente sobre interseções rodoferroviárias.

Neste capítulo você estudará:

- A definição de interseção entre vias de transporte.
- Os conceitos de movimentos e pontos de conflito em termos de interseções entre vias de transportes e sua influência na definição das interseções.
- Os principais tipos de interseções em nível e em desnível.
- A importância da sinalização em interseções rodoferroviárias.

Definição

> **Definição**
>
> De acordo com o *Manual de projeto de interseções* (DEPARTAMENTO NACIONAL DE INFRAESTRUTURA DE TRANSPORTES, 2005), **interseção** é uma área de confluência, entroncamento ou cruzamento de duas ou mais vias.

A organização do espaço da interseção destina-se a facilitar os movimentos dos veículos que circulam; neste local, devem existir dispositivos destinados a ordenar os diversos movimentos do tráfego.

Conceitos relacionados

Antes de estudarmos os principais tipos de interseção, é importante conhecermos dois conceitos influentes em sua definição: movimentos e conflitos.

Movimentos

Os diferentes tipos de movimentos ou manobras de veículos, entre outros fatores, definem a interseção recomendada para cada local. Os tipos mais comuns de movimentos de tráfego são apresentados no Quadro 7.1.

FIGURA 7.1 Interseção entre linhas férreas.
Fonte: Tiverylucky/iStock/Thinkstock.

Quadro 7.1 Movimentos de tráfego e suas definições

Movimentos de divergência ou divergentes	Ocorrem quando veículos de um fluxo se separam e assumem trajetórias independentes. Quando a divergência é livre, o movimento é bem simples, porém, quando existe a necessidade de esperas, a manobra fica mais complexa.
Movimentos de convergência, convergentes ou incorporações	Ocorrem quando duas ou mais correntes de tráfego se juntam para formar uma única. É necessário que ocorram esperas de intervalos adequados para a incorporação de veículos em outro fluxo.
Movimentos de cruzamento	Ocorrem quando a trajetória de um fluxo de veículos intercepta outro fluxo de veículos. A interseção se dá entre espaços (*gaps*) que surgem entre veículos dos fluxos ou quando um dos fluxos é interrompido momentaneamente.
Movimento de entrelaçamento ou entrecruzamentos	Ocorrem quando as trajetórias de duas correntes se combinam, formando uma única, e logo se separam. Popularmente, esse movimento é denominado "X".

Na Figura 7.2, constam os principais movimentos.

DIVERGÊNCIA

Direita   Esquerda   Bifurcação   Múltipla

CONVERGÊNCIA

Direita   Esquerda   Junção   Múltipla

CRUZAMENTO

Direto, direita   Direto, esquerda   Oblíquo, oposto   Oblíquo

ENTRELAÇAMENTO

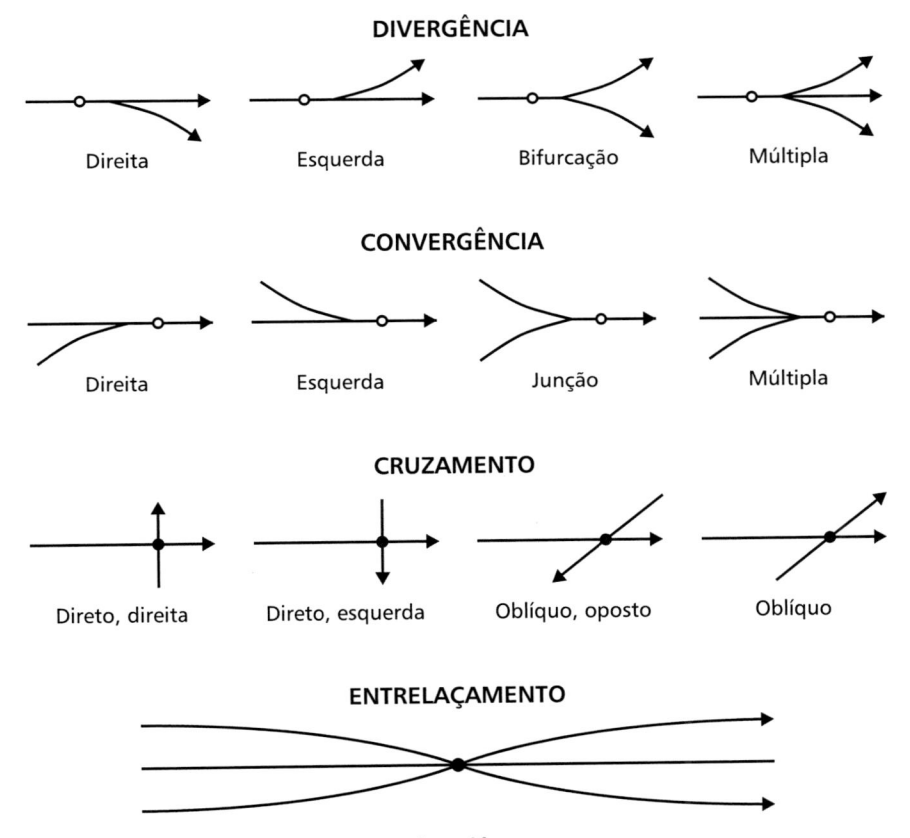

FIGURA 7.2 Tipos de movimentos do tráfego.
Fonte: Adaptado de Pontes Filho (1998).

Conflitos

Os movimentos no fluxo geram conflitos. Cada ponto de conflito em uma interseção exige um tratamento que defina uma forma adequada para dar continuidade e segurança ao tráfego. Nas interseções entre vias, ocorrem simultaneamente muitos conflitos. Nesses casos, o ideal seria uma combinação de soluções para todos eles.

> **Dica**
>
> Em uma interseção, o tráfego que gira à esquerda, sempre que possível, deve ser separado do tráfego direto.

Em uma interseção clássica com quatro aproximações e dois fluxos em cada uma, existem 32 pontos de conflito (Figura 7.3), sendo 16 de cruzamento e 16 de convergência ou divergência.

Já em uma interseção mais simples como a da Figura 7.4, ocorrem nove pontos de conflito (Figura 7.4): seis de convergência e divergência e três de cruzamento.

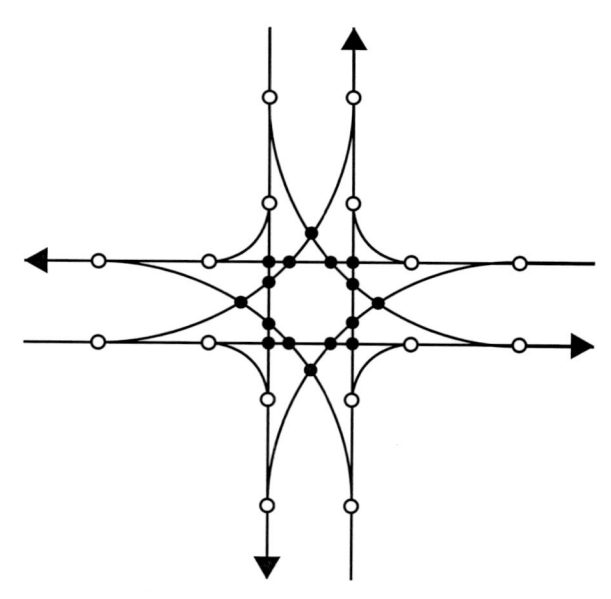

Círculos brancos: conflitos de convergência ou divergência.
Círculos pretos: conflitos de cruzamento.

FIGURA 7.3 Cruzamento com 32 conflitos.
Fonte: O autor.

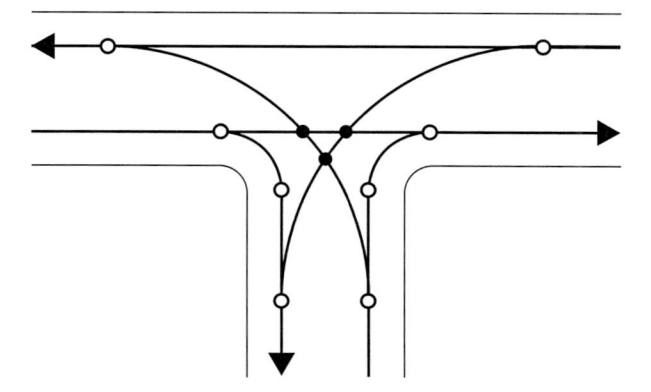

Círculos brancos: conflitos de convergência ou divergência.
Círculos pretos: conflitos de cruzamento.

FIGURA 7.4 Conflitos em uma interseção em "T".
Fonte: O autor.

Importante

Nos estudos de projetos de interseções, além dos movimentos e conflitos existentes ou previstos, devem-se levar em consideração outras condicionantes, como **quantidade e composição do tráfego**, bem como **fatores físicos, econômicos e ambientais**.

Tipos

As principais interseções ocorrem entre rodovias com rodovias e ferrovias com ferrovias. Também são comuns as interseções rodoferroviárias. As interseções podem ser em **nível** ou **desnível**.

Interseções em nível

Interseção em nível é o local onde os cruzamentos de fluxos de tráfego ocorrem no mesmo nível. Abordaremos, a seguir, os três tipos de interseção em nível mais recorrentes: de três ramos, de quatro ramos e rotatórias.

Interseções de três ramos

Quando a quantidade de veículos que fazem o giro à esquerda ou à direita é grande, deve-se acrescentar uma faixa de desaceleração ou aceleração para espera e/ou execução da conversão. As formas básicas de interseções de três ramos são apresentadas na Figura 7.5.

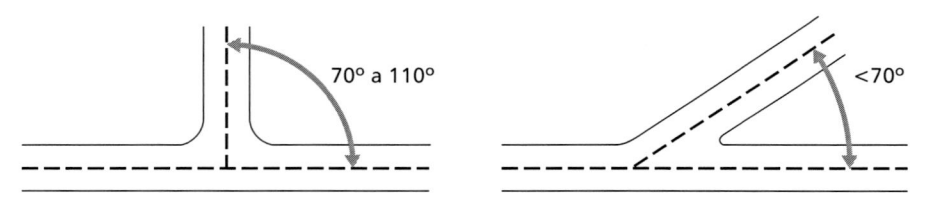

FIGURA 7.5 Interseções de três ramos.
Fonte: O autor.

Interseções de quatro ramos

Da mesma forma que o caso anterior, devem ser previstas faixas adicionais quando o tráfego de conversão é intenso. A Figura 7.6 traz alguns tipos comuns de interseção de quatro ramos.

Rotatória

— Definição

Rotatória ou **rótula** é a interseção na qual o tráfego circula num só sentido ao redor de uma ilha circular central. O diâmetro do círculo central é um elemento importante na definição da capacidade da rotatória.

A interseção rotatória surgiu no início do século XX nos Estados Unidos. A partir dos anos de 1990, seu uso espalhou-se pela Europa e Austrália e, nos últimos 20 anos, pelo Brasil.

— Atenção

Rotatórias são adequadas quando todas as aproximações possuem volume de tráfego similar. Quando o volume de tráfego é muito intenso em uma aproximação, nem sempre a rotatória constitui uma boa solução.

O Código de Trânsito Brasileiro (BRASIL, 1997) estabelece, no Art. 29, a preferência ao tráfego que circula na rotatória, obrigando ao veículo que chega ao local a espera de um intervalo para inserir-se no fluxo.

As rótulas apresentam a vantagem de uma menor ocorrência de acidentes graves, como choques frontais e traseiros. Permanecem pequenos abalroamentos laterais devido a movimentos de entrelaçamento. Os conflitos em uma rotatória ficam reduzidos a apenas quatro pontos.

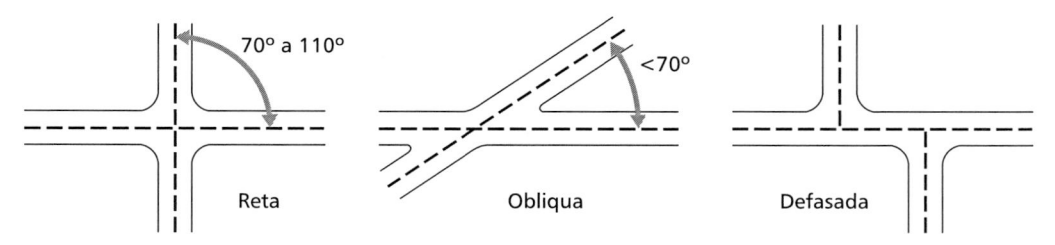

FIGURA 7.6 Interseções de quatro ramos.
Fonte: O autor.

Interseções em desnível

Interseção em desnível, **em vários níveis** ou **interconexão** é a interseção onde ocorrem cruzamentos de fluxos de tráfego em níveis diferentes com ramos de conexão entre as vias. Tem como peculiaridade a necessidade de conceber uma obra de arte (viaduto ou trincheira) que separe verticalmente as vias cujos traçados se cruzam.

— Importante

A estrutura mais adequada para uma interconexão é aquela que melhor se adapta em planta, perfil e seção transversal à topografia do local escolhido, criando facilidades executivas. Deve-se estudar qual via deve passar sob ou sobre a estrutura, levando também em consideração a projeção do custo da obra, o fluxo com maior volume de tráfego e o tipo e a função das vias que se interceptam.

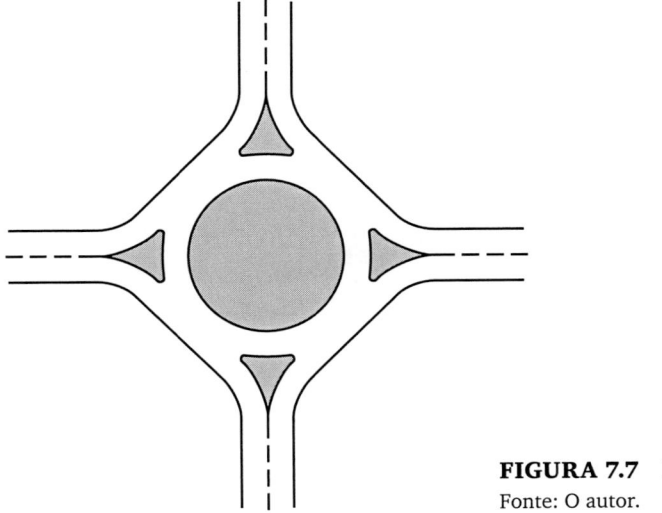

FIGURA 7.7 Rotatória moderna.
Fonte: O autor.

O uso de uma interconexão é recomendado nas seguintes situações:

- Quando se quer eliminar pontos de grande congestionamento onde as melhorias no mesmo nível são resolvem o problema.
- Quando se deseja melhorar as condições de segurança, devido à ocorrência de muitos acidentes ou mesmo à existência de pouca visibilidade.
- Quando os volumes de tráfego são muito elevados.

As interconexões, além de apresentarem boa segurança, permitem o deslocamento do fluxo em maiores velocidades, melhorando a mobilidade. Em seguida, estudaremos os três tipos mais comuns de interseção em desnível: interconexões em "T", diamantes convencionais e trevos.

Interconexões em "T"

— **Definição** ———————————————————————————

Interconexão em "T", também conhecida como **trombeta**, caracteriza-se por uma via secundária que contém apenas fluxos de conversão para a rodovia principal.

FIGURA 7.8 Interseções entre *freeways*, Los Angeles, Estados Unidos.
Fonte: Mike Powell/DigitalVision/Thinkstock.

Este tipo de interseção possui uma forma simples e custos razoáveis, pelas seguintes razões:

- Não exige grandes áreas de desapropriações.
- Requer apenas uma obra de arte.
- Não conta com entrelaçamentos.

A capacidade da interseção desta interconexão é boa e os movimentos podem ser executados sem grandes reduções de velocidade.

Diamante convencional

Definição

O **diamante convencional** ou **simples** consiste basicamente no cruzamento em desnível entre via principal e secundária com fluxos bidirecionais. Possui quatro ramos unidirecionais.

Neste tipo de interconexão, na via principal, ocorrem apenas movimentos de convergência e divergência; na via secundária, ocorrem os demais movimentos, inclusive cruzamentos.

O diamante convencional é relativamente econômico, pois sua estrutura é simples e sem espaços adicionais fora da faixa de domínio. A maioria dos

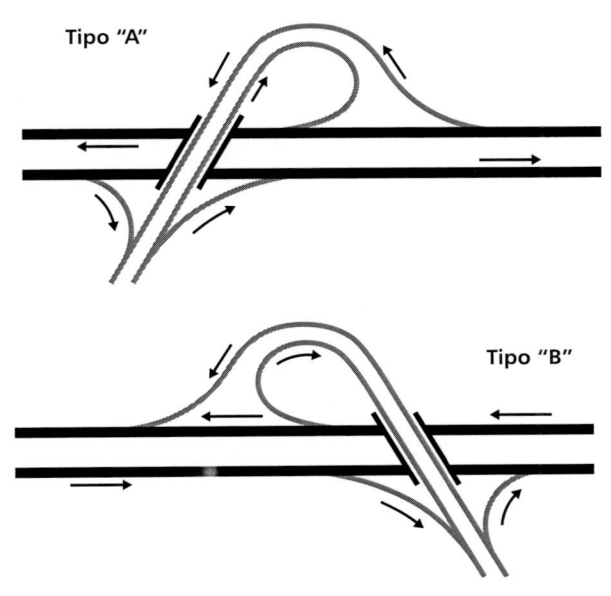

FIGURA 7.9 Interconexão do tipo trombeta.
Fonte: Pontes Filho (1998).

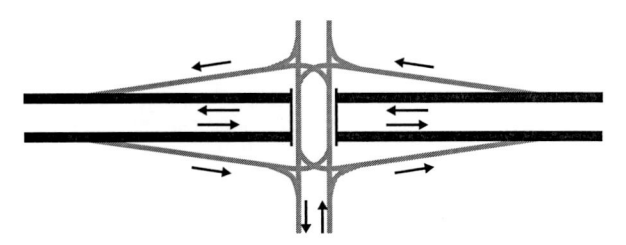

FIGURA 7.10 Diamante convencional ou simples.
Fonte: Pontes Filho (1998).

pontos de conflito estão na via secundária, onde também existem possibilidades de manobras erradas.

Trevos

— Definição

Trevos são interconexões que utilizam laços para movimentos de conversão à esquerda. Podem ser completos ou parciais. Os **trevos completos** têm laços nos quatro quadrantes. Os demais são **trevos parciais**.

O trevo completo possui uma única estrutura e assegura fluxo contínuo, natural e seguro em todos os movimentos. Sua forma não conduz a movimentos errados e dispensa a utilização de semáforos. Pode ser construído por etapas, de acordo com a evolução do volume de tráfego.

Os trevos também têm algumas desvantagens:

- Exigem grandes áreas para construção, condição que aumenta os custos com desapropriação e dificulta sua adoção em áreas urbanas.
- Apresentam percursos mais extensos, particularmente nas conversões à esquerda.
- Têm alguma limitação em sua capacidade, em função de entrelaçamentos nas vias principal e secundária.

Interseções rodoferroviárias

Um cruzamento rodoferroviário pode ocorrer no mesmo nível ou em níveis diferentes. Em níveis separados, é uma interseção em desnível sem ramos e laços.

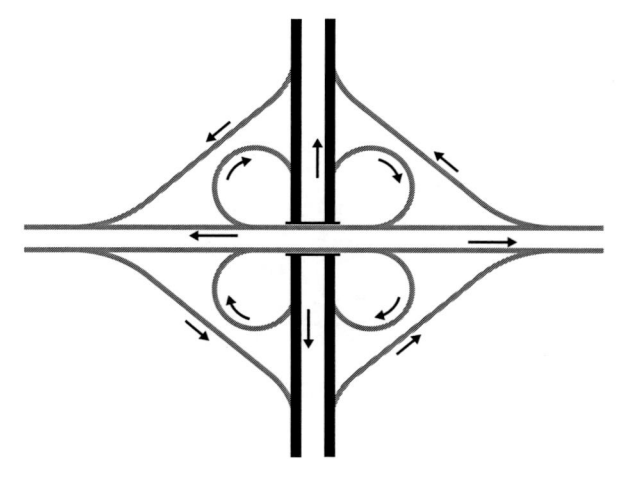

FIGURA 7.11 Trevo completo com seus ramos e laços.
Fonte: Pontes Filho (1998).

--- **Atenção** ---

A altura livre de um viaduto rodoviário sobre uma ferrovia deve ser de 7,20m para viabilizar o posicionamento de rede para o caso de composições elétricas.

O que mais preocupa os gestores de tráfego nos cruzamentos rodoferroviários são os acidentes, quase sempre muito graves, condição que determina que os projetos e sistemas de sinalização e controle sejam muito qualificados. Dependendo do volume de tráfego e das posições entre as vias, é adotada uma sinalização chamada de **ativa**, composta por sinais luminosos intermitentes, sinais sonoros fortes e cancelas de funcionamento automático que bloqueiam a passagem dos veículos rodoviários.

Para concluir

Para que o tráfego funcione corretamente, é fundamental que haja um bom planejamento das interseções entre vias de transportes, cujo principal fim deve ser a facilitação dos movimentos dos veículos. Além disso, devem ser buscadas soluções pontuais para cada ponto de conflito, a fim de possibilitar a continuidade e a segurança do tráfego.

A partir de um projeto eficaz que considere todos os aspectos influentes na definição de determinada interseção (movimentos, conflitos, quantidade e composição do tráfego e fatores físicos, econômicos e ambientais), é possí-

FIGURA 7.12 Cruzamento em nível, São Carlos, São Paulo.
Fonte: São Carlos Agora (2011).

vel determinar, em primeiro lugar, se esta deve ser em nível ou em desnível. A seguir, é estabelecido o tipo específico de interseção a ser construído.

É válido mencionar, ainda, a necessidade de sinalizações adequadas para interseções rodoferroviárias. Nesses cruzamentos ocorrem acidentes muito graves, que podem ser evitados com uma sinalização e um controle apropriados.

FIGURA 7.13 Sinalização de advertência de cruzamento rodoferroviário.
Fonte: NA/ PhotoObjects.net/Thinkstock.

Atividades

1. Selecione três interseções de vias na região onde você mora (se possível, escolha uma de rodovia com rodovia, uma de ferrovia com ferrovia e uma rodoferroviária). Cite o tipo de cada uma, classifique-as quanto à existência ou não de nível e descreva-as em termos de movimentos e de pontos de conflito.

2. Sobre os tipos de movimentos, correlacione as colunas.

   (1) Movimentos de divergência
   (2) Movimentos de convergência
   (3) Movimentos de cruzamento
   (4) Movimentos de entrelaçamento

   ( ) As trajetórias de duas correntes formam uma única, mas, logo depois, se separam.
   ( ) Duas ou mais correntes de tráfego passam a formar uma corrente única.
   ( ) A trajetória de um fluxo de veículos intercepta outro fluxo de veículos.
   ( ) Os veículos de um fluxo seguem trajetórias independentes

   Assinale a alternativa que apresenta a sequência correta.
   (A) 4 – 2 – 3 – 1
   (B) 3 – 2 – 4 – 1
   (C) 2 – 1 – 3 – 4
   (D) 1 – 4 – 2 – 3

3. Com relação às interseções em nível, marque **V** (verdadeiro) ou **F** (falso).

   ( ) As interseções em nível exigem a construção de uma obra de arte para separar verticalmente as vias envolvidas.
   ( ) Tanto a interseção de três ramos quanto a de quatro ramos são concebidas para casos de grande tráfego de conversão de veículos.
   ( ) Em geral, a instalação de rotatórias é recomendada quanto o volume de tráfego é intenso.
   ( ) Um ponto positivo da rotatória é a menor ocorrência de acidentes graves.

   Assinale a alternativa que apresenta a sequência correta.
   (A) V – F – V – F
   (B) V – V – F – F
   (C) F – F – V – V
   (D) F – V – F – V

4. Quanto às interseções em desnível, assinale a alternativa correta.
   (A) Em comparação com as interseções em nível, as interconexões apresentam segurança reduzida.
   (B) As interconexões em "T" requerem grandes áreas de desapropriação.
   (C) Na via principal do diamante convencional, se dão apenas movimentos de convergência e divergência; a via secundária, por sua vez, é destinada aos demais movimentos.
   (D) O trevo completo exige o uso de semáforos.

5. Sobre as interseções rodoferroviárias, considere as alternativas a seguir.

   I Cruzamentos rodoferroviários podem estar tanto no mesmo nível quanto em níveis separados.

   II A fim de tornar viável a colocação de rede para composições elétricas, a altura livre de um viaduto rodoviário sobre uma ferrovia deve ser de 5,50 m.

   III A sinalização ativa presente em cruzamentos rodoferroviários é composta por sinais luminosos intermitentes, sinais sonoros fortes e cancelas de funcionamento automático; essa sinalização visa diminuir o número de acidentes graves.

   Quais estão corretas?
   (A) I e II.
   (B) I e III.
   (C) II e III.
   (D) Todas as alternativas estão corretas.

CAPÍTULO

8

Vias de transportes e meio ambiente

Quando uma via de transportes é projetada, é imprescindível atentar aos impactos que ela trará ao meio ambiente. Desde sua implantação até sua operação, ocorrem interferências no meio ambiente, também chamadas de externalidades. Que efeitos produzem, quais são suas consequências e como podem ser atenuadas são os assuntos deste capítulo.

Iniciaremos verificando brevemente os impactos positivos do sistema de transportes para, em seguida, abordar em mais detalhes os impactos negativos, como os acidentes, a poluição e os congestionamentos. Em seguida, aprenderemos como mitigar esses impactos. Por fim, veremos algumas dicas para ajudar a melhorar o meio ambiente.

Neste capítulo você estudará:

- Os impactos positivos e negativos do sistema de transportes no meio ambiente.
- Formas de mitigar os impactos do sistema de transportes no meio ambiente.
- Ações destinadas a preservar o meio ambiente.

■— Impactos

O sistema de transportes é indispensável na geração de desenvolvimento com qualidade de vida. Contudo, a produção e o consumo de transportes provocam impactos físicos, bióticos e socioeconômicos sobre o meio ambiente, que devem ser muito bem avaliados. Esses impactos podem ser positivos ou negativos.

--- **Definição** ---

Meio ambiente é tudo o que cerca e afeta a vida na terra. É um todo sistêmico, cujas interações compõem o processo vital.

Principais impactos positivos

O Quadro 8.1 apresenta os impactos positivos mais relevantes do sistema de transportes para o meio ambiente.

--- **Dica** ---

Os maiores benefícios proporcionados pelos transportes são a mobilidade e a acessibilidade.

Quadro 8.1 Principais impactos positivos do sistema de transportes em relação ao meio ambiente

A ligação e a maior integração de vilas e cidades mais afastadas por vias de transporte significam desenvolvimento socioeconômico.
Regiões de fronteira do território nacional são efetivamente ocupadas.
Regiões com potencial turístico podem ser exploradas, viabilizando lazer para visitantes e novas atividades para habitantes locais, melhorando o nível de emprego e fixando as pessoas em seu local de origem.
Vias de transporte viabilizam acesso mais rápido, por exemplo, até a assistência médica especializada existente em centros maiores.
Propriedades lindeiras às vias de transporte são valorizadas.
Aumenta a arrecadação de impostos na área de influência das vias de transporte.
Há desenvolvimento e aumento dos investimentos industriais e agrícolas, devido às facilidades de ingresso dos insumos e escoamento dos produtos até os centros de consumo, com garantia de tráfego em quaisquer condições climáticas.
Uma rodovia ou ferrovia pode ser utilizada como barreira contra incêndios.
Diminui o custo operacional dos veículos.
O tempo de deslocamento das pessoas é valorizado e otimizado.

Principais impactos negativos

Uma vez que os impactos negativos do sistema de transportes são numerosos e, em muitos casos, graves, abordaremos em detalhes os principais problemas acarretados.

Acidentes

Em todas as vias de transportes ocorrem acidentes. Segundo o Ministério da Saúde (BRASIL, 2015a), no Brasil, morrem cerca de 45 mil pessoas por ano vitimadas por acidentes de trânsito, que são provocados, entre outras causas, por precariedade da malha, imprudência dos condutores, falta de fiscalização e carência de educação para o trânsito. O Ministério da Saúde ainda informa que os feridos hospitalizados em 2014 totalizam 201 mil. Os custos totais dessa tragédia valem 40 bilhões de reais ao ano (CONFEDERAÇÃO NACIONAL DOS TRANSPORTES, 2015).

> **Para saber mais**
>
> O transporte aéreo é considerado um dos mais seguros e o rodoviário, o mais sujeito a acidentes.

No caso específico das rodovias e vias urbanas, as causas mais comuns dos acidentes são:

- imprudência;
- distração;
- sonolência;
- excesso de velocidade;
- ultrapassagens perigosas;
- álcool ao volante;
- precárias condições dos condutores, das vias e dos veículos.

Poluição

> **Definição**
>
> **Poluição** é a alteração da composição de determinado meio que provoca sua degradação.

A poluição pode ocorrer no ar, na água e no solo, como veremos a seguir.

FIGURA 8.1 Acidente de trânsito.
Fonte: Zoonar RF/Zoonar/Thinkstock.

Poluição do ar

Os gases derivados dos combustíveis fósseis utilizados pelos veículos automotores são lançados na atmosfera, provocando sua poluição. A combustão incompleta dos combustíveis fornece:

$$C_7H_{16} + C_8H_{18} + Ar \rightarrow 7CO_2 + 8H_2O + CO + NO_x + SO_x + MP$$

--- **Para saber mais** ---

No Brasil, em 2013, a área de transportes contribuiu com mais da metade das emissões de monóxido de carbono e óxido de nitrogênio.

O Quadro 8.2 apresenta os principais agentes poluidores, bem como suas descrições e efeitos no meio ambiente e na saúde humana.

A poluição do ar prejudica os seres humanos, acarretando:

- problemas respiratórios, como asma e bronquite;
- irritação nos olhos e em outros órgãos;
- intoxicação de abrangência sistêmica;
- redução das defesas do organismo, o que provoca infecções persistentes;
- ação cancerígena e mutante.

Quadro 8.2 Principais agentes poluidores

Sigla	Nome	Descrição	Efeitos
CO	Monóxido de carbono	É um gás incolor, inodoro e tóxico.	É ávido por oxigênio e, quando aspirado, recolhe oxigênio da hemoglobina para entrar em equilíbrio (CO_2), ocasionando asfixia e náuseas aos seres vivos.
CO_2	Dióxido de carbono	É um gás fundamental para a manutenção da vida. Os vegetais o utilizam para realizar a fotossíntese. É produzido no processo de respiração celular e na decomposição e queima de combustíveis fósseis.	É um dos causadores do efeito estufa, pois absorve parte das radiações produzidas na superfície da terra, retendo o calor e aumentando a temperatura.
MP	Material particulado	É uma mistura de partículas muito pequenas, mais finas do que um fio de cabelo. É produzido pelas emissões de automóveis, aviões e barcos. As fábricas, os incêndios e as centrais elétricas que utilizam combustível para o funcionamento das turbinas também o emitem.	Contribui para o aquecimento global e aumenta a densidade das nuvens, dificultando a passagem da luz solar. É responsável pela chuva ácida.

FIGURA 8.2 Poluição do ar na Cidade do México, México.
Fonte: Phototreat/iStock/Thinkstock.

Poluição da água e do solo

O sistema de transportes contribui para a poluição da água e do solo em vários aspectos, conforme mostra o Quadro 8.3.

--- **Importante** ---

Quando ocorre derramamento de petróleo, há um prejuízo muito grande ao meio ambiente, pois afeta os animais e as plantas que ali vivem. Os peixes, com a presença de óleo em suas brânquias, não conseguem respirar e morrem por asfixia. As aves marinhas, além da intoxicação, ficam besuntadas com o petróleo, não conseguem voar nem manter a temperatura do corpo.

Ruídos

A circulação de automóveis, trens e aviões provoca ruídos que podem prejudicar a saúde do ser humano, notadamente para quem vive perto de avenidas movimentadas e aeroportos.

--- **Para saber mais** ---

Após os **50 decibéis (dBA)** o ruído começa a ocasionar prejuízos à saúde.

O Departamento Estadual de Trânsito de Rondônia (DEPARTAMENTO ESTADUAL DE TRÂNSITO RO, 2015) fornece um conjunto de ruídos quantificados em dBA e seus respectivos efeitos, como mostra a Tabela 8.1.

Dentre os impactos provocados pelas vias de transporte, a poluição sonora é um dos mais graves. Por conviverem constantemente com este proble-

Quadro 8.3 Formas de poluição da água e do solo pelos transportes

Os gases químicos e as partículas emitidas por veículos precipitam sobre o sistema viário existente e a superfície de uma maneira geral.
Ocorre o derramamento de óleos lubrificantes, combustíveis, líquido de freio, graxas, detergentes de para-brisa, aditivos de radiador e partículas com metais, que contaminam mares e rios. Muitas vezes, o petróleo e o lixo chegam até às praias, tornando-as impróprias para banho.
O desgaste dos pneus provoca a contaminação do piso com pedaços de borracha, resíduos de zinco e outros poluentes.
Com as chuvas sobre as superfícies dos passeios, estacionamentos e pavimentos, os dispositivos de drenagem proporcionam o escoamento dos poluentes para mananciais de água, que ficam contaminados.

FIGURA 8.3 Efeitos da poluição da água.
Fonte: Weerapatkiatdumrong/iStock/Thinkstock.

ma, as pessoas acabam se acostumando e, em muitos casos, não se apercebem dos efeitos maléficos relatados na Tabela 8.1.

FIGURA 8.4 Ruídos produzidos pelo tráfego prejudicam a saúde.
Fonte: diego_cervo/iStock/Thinkstock.

Tabela 8.1 Efeitos de alguns ruídos

Ruído	dBA	Efeito
Rua sem tráfego Biblioteca silenciosa	40	Nenhum
Escritório	50	Surgem os impactos
Rua com tráfego leve. Agência bancária	60	Diminui a capacidade de concentração
Rua com tráfego médio Bar lotado	65 a 70	Aumenta o nível de cortisona Diminui a resistência imunológica
Rua com tráfego intenso Praça de alimentação	80	Aumentam os riscos de enfarte e infecções
Buzina de carro	100	Aumentam os riscos de enfarte e infecções
Decolagem de avião	140	Ocorre perda auditiva temporária ou permanente

Fonte: Adaptada de Departamento Estadual de Trânsito RO (2015).

É importante evitar os ruídos intensos, tomando uma série de precauções:

- Usar protetores auriculares sempre que ficar perto de ruídos intensos ou, eventualmente, tapar os ouvidos com as mãos (p. ex., na decolagem de um avião).
- Evitar escutar música alta no carro ou em fones de ouvido.
- Fechar as janelas do veículo em vias de tráfego intenso.
- Observar os limites de som permitidos.

Congestionamentos

Definição

O **congestionamento** ocorre quando os níveis de demanda aproximam-se da capacidade de uma via ou do conjunto de vias e o tempo necessário para deslocamento aumenta bem acima da média em condições de baixa demanda.

No congestionamento, a velocidade de deslocamento, pelo excesso de veículos, torna-se baixa (menor do que 30 km/h), com constantes momentos de "para e anda". Existem três prejuízos provocados por congestionamentos:

- **Perda de tempo:** há um custo adicional devido a milhares de "horas perdidas" por usuários e cargas transportadas por trens, veículos automotores e aviões.

- **Consumo de energia:** há um consumo adicional de combustível, particularmente nos horários de pico.
- **Poluição do ar:** veículos parados ou deslocando-se em baixas velocidades são responsáveis por um excesso de emissões de **CO**, **CO_2** e **MP**.

Os congestionamentos são ocasionados por vários fatores, dentre os quais o crescimento da frota de veículos, o aumento da população, a expansão das cidades, a deficiência dos transportes públicos e a falta de investimento em obras de infraestrutura. Os congestionamentos também podem ser provocados por acidentes ou veículos com defeitos mecânicos.

Algumas medidas para evitar os congestionamentos do trânsito são:

- planejar o trajeto;
- escolher horários alternativos;
- utilizar transportes de massa ou bicicleta;
- optar por uma boa caminhada.

Segregação urbana

Muitas vezes, uma rodovia, um trem metropolitano ou uma via arterial que intercepta uma área urbana acaba por provocar uma separação entre partes de uma cidade, provocando uma perda total ou parcial da acessibilidade a escolas, comércio, vizinhança e outros destinos. Tal impacto negativo afeta também a via, pois os veículos têm dificuldades ou mesmo a impossibilidade de saídas, ingressos ou cruzamentos.

Importante

A presença de uma via em zona urbana tende a estabelecer um conflito entre o espaço viário e o espaço urbano, com sérios impactos negativos para ambos, que afetam o desempenho operacional da via e provocam a perda da qualidade de vida dos núcleos urbanos.

Intrusão visual

A intrusão visual é o impedimento parcial ou total da visualização da paisagem urbana. O desenho da cidade assume uma roupagem esteticamente desagradável (feia) provocada pela presença de vias, passeios, viadutos, aterros, placas de sinalização, postes, fios, etc. Esta situação também afeta negativamente as áreas adjacentes, provocando a sua desvalorização.

Vibrações

O tráfego de veículos circulando em determinadas vias pode transmitir vibrações aos prédios vizinhos, que podem ser percebidas através do movimento mecânico do piso, da mobília e de elementos como paredes portas e vidros.

Nos atuais projetos de vias permanentes, o tratamento das vibrações provocadas pela passagem de trens metropolitanos ou metrô tem a finalidade de amenizar os impactos ao meio ambiente.

Mitigando os impactos

Definição

Medidas mitigadoras são aquelas que objetivam minimizar os impactos previstos pela implantação de uma via de transporte, sejam eles originados por ações direta ou indiretamente praticadas ou provocadas pelo empreendimento.

Nas medidas mitigadoras, encontram-se englobadas:

- as **medidas maximizadoras**, que têm por função potencializar os efeitos positivos provocados ou induzidos pela obra; e
- as **medidas compensatórias**, que, por sua vez, são aquelas que buscam dar ao ambiente afetado compensações por impactos não mitigados parcial ou totalmente.

Para refletir

A despeito dos inúmeros impactos negativos trazidos pelo sistema de transportes, deixar de utilizá-lo não é uma opção, pois os deslocamentos fazem parte da vida de todos. Contudo, é possível minimizar os efeitos maléficos por meio de algumas medidas, como vimos.

Pesquise, junto ao órgão de trânsito de sua região, alguns exemplos de medidas maximizadoras e compensatórias realizadas para mitigar impactos relacionados à implantação de vias.

A legislação existente impõe a execução de estudos e levantamentos dos impactos sobre o meio ambiente, que devem ser desenvolvidos paralelamente ao projeto da via de transporte (Quadro 8.4).

Ajudando a melhorar o meio ambiente

Algumas ações destinadas a preservar o meio ambiente estão ao nosso alcance, independentemente do trabalho das autoridades. A seguir, são apresentadas algumas dicas:

- **Utilize um veículo revisado e regulado**, minimizando a poluição do ar.

Quadro 8.4 Instrumentos de avaliação dos impactos ao meio ambiente ocasionados por um projeto de obra

Nome	Sigla	Descrição
Estudo de Impacto Ambiental	EIA	É executado por uma equipe interdisciplinar.
		São desenvolvidos estudos e análises técnicas e científicas destinadas a avaliar sistematicamente as consequências da implantação de um projeto sobre o meio ambiente.
		São utilizados métodos de avaliações próprios e técnicas de previsão dos impactos.
		São desenvolvidas medidas específicas de proteção, recuperação e melhorias do meio ambiente, garantindo o mínimo efeito ao ecossistema.
Relatório de Impacto Ambiental	RIMA	É o documento que apresenta os resultados dos estudos técnicos e científicos da avaliação de impacto ambiental.
		Deve conter o esclarecimento de todos os elementos da proposta em estudo, de modo que possam ser divulgados e apreciados por toda sociedade.

- **Caminhe até seu destino** sempre que for possível. Faz bem para a saúde.
- **Ande mais de bicicleta.** Para trajetos pequenos e médios, é uma modalidade de transporte rápida.
- **Utilize ônibus.** Muitas vezes, ganha-se tempo.
- **Planeje seu trajeto com antecedência.** Escolha horários e rotas menos congestionadas.
- **More perto de seu local de trabalho** ou **trabalhe em casa**.
- **Planeje suas férias**. Por que viajar quando todos viajam?
- **Construa e conserve calçadas mais adequadas** para trajetos a pé.
- **Exija melhores padrões de emissões de combustível**.
- **Exija melhor planejamento dos transportes**, como a construção de mais vias e a disponibilização de melhores meios de transporte.
- **Eduque seus filhos** para um comportamento sustentável.

Para concluir

São muitos os impactos que o sistema de transportes traz para o meio ambiente. Felizmente, alguns deles são positivos, porém, como vimos, há uma ampla gama de interferências negativas, muitas das quais podem afetar diretamente a saúde das pessoas. Com relação a isso, é necessário ter atenção especial às possibilidades de acidentes e à emissão de gases poluentes.

Os impactos podem ser minimizados por meio das medidas mitigadoras, sejam elas maximizadoras ou compensatórias. Além disso, é preciso que os estudos e levantamentos dos impactos sobre o meio ambiente sejam conduzidos com seriedade na etapa de projeto de uma obra de via, possibilitando a redução dos efeitos negativos sobre o ecossistema. Vale lembrar, ainda, que algumas iniciativas podem ser tomadas por cada pessoa, independentemente das autoridades, para preservar o meio ambiente.

Atividades

1. Cite três impactos do sistema de transportes que promovem o desenvolvimento econômico de uma região.

2. Quanto aos principais agentes poluidores, correlacione as colunas.

    (1) Monóxido de carbono
    (2) Dióxido de carbono
    (3) Material particulado

    ( ) É um dos responsáveis pelo efeito estufa.
    ( ) É produzido por emissões de carros e aviões, entre outros.
    ( ) É causador da chuva ácida.
    ( ) Não tem cor, não tem cheiro e é tóxico.
    ( ) Pode causar asfixia e náuseas.
    ( ) É produzido no processo de respiração celular.

    Assinale a alternativa que apresenta a sequência correta.

    (A) 1 – 2 – 2 – 3 – 1 – 3
    (B) 3 – 2 – 3 – 2 – 1 – 1
    (C) 2 – 3 – 3 – 1 – 1 – 2
    (D) 1 – 3 – 2 – 1 – 3 – 2

3. Enumere, em ordem crescente de dBA (de 1 a 5), os ruídos a seguir.

    Buzina de automóvel ( )
    Rua com tráfego intenso ( )
    Agência bancária ( )
    Decolagem de avião ( )
    Bar lotado ( )

    Assinale a alternativa que apresenta a sequência correta.

    (A) 4 – 3 – 1 – 5 – 2
    (B) 5 – 2 – 1 – 4 – 3
    (C) 5 – 3 – 2 – 4 – 1
    (D) 4 – 2 – 3 – 5 – 1

4. Com relação aos impactos negativos do sistema de transportes, considere as alternativas a seguir.

   I O transporte aéreo é considerado um dos tipos de transporte mais propensos à ocorrência de acidentes.

   II Um dos prejuízos acarretados pelo derramamento de petróleo é a morte de peixes por asfixia.

   III O aumento da população e a deficiência dos transportes públicos são dois dos fatores influentes para a ocorrência de congestionamentos.

   IV A intrusão visual provoca a desvalorização das áreas próximas.

   Quais estão corretas?

   (A) I, II e III.

   (B) II, III e IV.

   (C) I, III e IV.

   (D) Todas as alternativas estão corretas.

5. Sobre as formas de mitigar os impactos do sistema de transporte e de ajudar o meio ambiente, marque **V** (verdadeiro) ou **F** (falso).

   ( ) Um dos tipos de medidas mitigadoras visa potencializar os impactos positivos de uma obra.

   ( ) O EIA limita-se a avaliar as consequências para o meio ambiente da implantação de um projeto, eximindo-se do desenvolvimento de medidas de proteção contra esses impactos.

   ( ) Diminuir a distância entre a casa e o trabalho é uma maneira de reduzir os impactos trazidos pelos transportes ao meio ambiente.

   ( ) Os resultados de um RIMA são divulgados exclusivamente ao órgão que solicitou o estudo.

   Assinale a alternativa que apresenta a sequência correta.

   (A) F – F – V – V

   (B) F – V – F – V

   (C) V – V – F – F

   (D) V – F – V – F

CAPÍTULO

9

Noções de sinalização viária

No trânsito complexo que temos atualmente, com tantas vias interconectadas e uma enorme quantidade de veículos circulando, uma boa sinalização é fundamental para organizar o tráfego, evitando acidentes e outros prejuízos. As placas, marcas e outros dispositivos de sinalização estão presentes por todas as rodovias e requerem um conhecimento adequado do condutor – e, em alguns casos, do pedestre – para serem interpretados corretamente.

Iniciaremos este capítulo abordando a definição e as principais características da sinalização viária. Em seguida, veremos quais são os agentes envolvidos no projeto, na implantação e no uso da sinalização e quais são as responsabilidades de cada um. Depois, estudaremos os tipos de sinalização vertical e horizontal e conheceremos características importantes e exemplos de cada subgrupo. Por fim, abordaremos rapidamente a sinalização em obras e os dispositivos auxiliares de sinalização.

Neste capítulo você estudará:

- A definição e as características da sinalização viária.
- As responsabilidades referentes à sinalização.
- Os subgrupos da sinalização vertical e da sinalização horizontal.
- Aspectos sobre a sinalização de obras e a sinalização com dispositivos auxiliares.

Definição e características

Definição

Sinalização viária é a comunicação visual entre o condutor de um veículo e a via, por meio das mais diversas marcas e informações sobre a pista, placas e painéis verticais que apresentam mensagens e símbolos que informam regras e observações sobre o trajeto numa sequência lógica e coerente ao longo da via. Trata-se de uma indispensável norma de convivência entre a via, o veículo e o condutor.

A finalidade da sinalização envolve proteger o usuário, bem como controlar e orientar os movimentos do trânsito. A sinalização deve conquistar a atenção e a confiança do usuário.

Com relação às principais características da sinalização, ela deve ser:

- simples, clara e precisa, para ser compreendida facilmente pelo motorista;
- eficiente e visível;
- uniforme no projeto e na aplicação; situações idênticas exigem sinalizações semelhantes.

O **acidente** é um dos maiores problemas do trânsito de veículos. Nesse sentido, uma eficiente sinalização colabora para sua redução. Por outro lado, a inadequação ou falta de sinalização potencializa sua ocorrência.

Atenção

É importante lembrar que a sinalização não corrige deficiências de projeto ou de construção da via; ela somente ameniza e previne consequências indesejáveis.

Legislação

A legalidade do sistema de sinalização está apoiada no Código de Trânsito Brasileiro (CTB) (BRASIL, 1997) e nas resoluções do Conselho Nacional de Trânsito (CONTRAN) (2004). Por exemplo, os artigos 88, 90 e o § 1º do art. 90 definem regras e procedimentos que devem ser compulsoriamente seguidos. Como decorrência, definem-se as responsabilidades apresentadas no Quadro 9.1.

Quadro 9.1 Responsabilidades relativas à sinalização de trânsito

Quem?	Responsabilidade(s)
Projetista da sinalização	Seguir as regras contidas no CTB e no *Manual de sinalização de obras e serviços* do órgão contratante, submetendo o projeto à aprovação do órgão.
Órgão responsável pela fiscalização	Aprovar os projetos de sinalização temporária e definitiva que estejam de acordo com as normas estabelecidas e fiscalizar sua correta implantação, manutenção e, se for o caso, desativação.
Empresas encarregadas de implantar a sinalização	Seguir as diretrizes constantes no projeto ou determinadas pelo órgão contratante e fiscalizador, providenciando sua correta implantação, manutenção e desativação.
Usuário	Evitar danos à sinalização (ou à via) por vandalismo ou culpa em acidente.

Tipos

De forma geral, a sinalização viária é dividida em sinalização vertical e sinalização horizontal, as quais, por sua vez, apresentam diversas subdivisões. É importante, ainda, mencionar outros dois relevantes tipos de sinalização em vias de transportes: a sinalização de obras e a sinalização com dispositivos auxiliares.

Sinalização vertical

Definição

A **sinalização vertical** é um subsistema da sinalização viária que se utiliza de sinais posicionados sobre placas fixadas na posição vertical, ao lado ou suspensas sobre a pista, transmitindo mensagens de caráter permanente ou, eventualmente, variável, mediante símbolos e/ou legendas preestabelecidas e legalmente instituídas (CONSELHO NACIONAL DE TRÂNSITO, 2007a).

A sinalização vertical tem como finalidade fornecer:

- informações sobre a regulamentação do uso da via;
- advertências para situações potencialmente perigosas ou problemáticas;
- indicações e orientações aos usuários;
- mensagens educativas.

As placas de sinalização vertical devem estar corretamente posicionadas para uma boa visualização e legibilidade dos símbolos. As mensagens devem ser padronizadas e fáceis de serem entendidas.

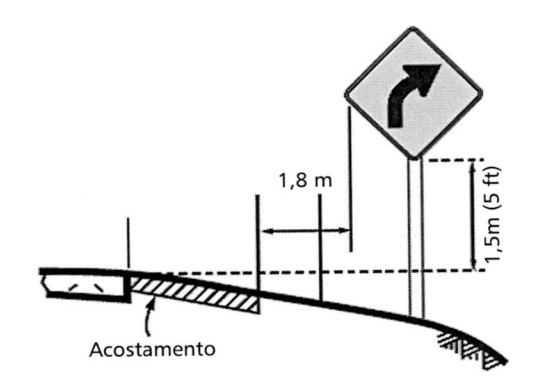

FIGURA 9.1 Placa bem posicionada no campo visual do condutor.
Fonte: U.S. Department of Transportation (2003).

Placas de regulamentação

A sinalização vertical de regulamentação tem a finalidade de informar aos usuários as condições, proibições, obrigações ou restrições no uso das vias. Suas mensagens são imperativas e o desrespeito a essas placas gera infrações previstas no capítulo XV do CTB (BRASIL, 1997). O atendimento e a obediência a elas são compulsórios.

— Importante

A forma padrão do sinal de regulamentação é a circular e as cores usadas são: vermelha (tarja), branca (fundo) e preta (legenda). Os sinais de "Parada obrigatória" e "Dê a preferência" constituem exceções quanto à forma.

A criação dos sinais de regulamentação atende a princípios básicos de comunicação visual. Por exemplo, um traço diagonal vermelho significa "não"; dois traços diagonais cruzados significam uma proibição absoluta.

O Quadro 9.2 apresenta alguns sinais do grupo das placas de regulamentação.

Placas de advertência

Os sinais de advertência têm por finalidade alertar os usuários sobre condições potencialmente perigosas, obstáculos ou restrições existentes na via ou nas proximidades. Eles indicam a natureza das situações, se permanentes ou eventuais.

Deve-se utilizar sinalização de advertência sempre que o perigo não se evidencia por si só (CONSELHO NACIONAL DE TRÂNSITO, 2007b). De uma maneira geral, ocorre uma redução da velocidade enquanto o usuário avalia o contexto.

Capítulo 9 • Noções de sinalização viária **139**

Quadro 9.2 Exemplos de placas de regulamentação

Placa	Código	Mensagem
PARE	R-1	Parada obrigatória
	R-2	Dê a preferência
	R-3	Sentido proibido
	R-4a	Proibido virar à esquerda
	R-4b	Proibido virar à direita
	R-5a	Proibido retornar à esquerda
	R-6a	Proibido estacionar

Fonte: Adaptado de Conselho Nacional de Trânsito (2007a).

A sinalização de advertência é adotada após estudos técnicos que levam em conta:

- situações físicas;
- geometria da via;
- aspectos operacionais e ambientais;
- informações sobre acidentes;
- ocupação e uso do solo local.

Deve-se evitar o uso indiscriminado deste tipo de placa, pois o excesso compromete a confiabilidade e a eficácia da sinalização. Se o potencial perigo não mais existir, a placa de advertência deve ser removida.

Importante

A forma dos sinais de advertência é a quadrada, com uma das diagonais posicionada na vertical. As cores usadas são: amarela (fundo) e preta (inscrições e bordas). As exceções quanto à forma são os sinais de "Sentido único", "Sentido duplo" e "Cruz de Santo André".

O Quadro 9.3 traz alguns dos sinais do grupo de placas de advertência.

Placas de indicação

A sinalização vertical de indicação é constituída por um conjunto de placas com a finalidade de identificar vias e locais de interesse. Ela ainda visa orientar

Quadro 9.3 Exemplos de placas de advertência

Placa	Código	Mensagem
	A-1a	Curva acentuada à esquerda
	A-1b	Curva acentuada à direita
	A-2b	Curva à direita
	A-3a	Pista sinuosa à esquerda
	A-6	Cruzamento de vias
	A-7a	Via lateral à esquerda
	A-12	Interseção em círculo

Fonte: Adaptado de Conselho Nacional de Trânsito (2007b).

condutores e pedestres quanto aos percursos, destinos, acessos, distâncias, serviços auxiliares e atrativos turísticos. As placas indicativas têm caráter informativo e educativo (CONSELHO NACIONAL DE TRÂNSITO, 2014).

A sinalização de indicação é constituída pelos seguintes grupos:

- placas de identificação;
- placas de orientação de destino;
- placas educativas;
- placas de serviços auxiliares;
- placas de atrativos turísticos;
- placas de postos de fiscalização.

Placas de identificação

As placas de identificação posicionam o condutor de um veículo ao longo de seu deslocamento com relação a distâncias percorridas e ao destino da viagem. O Quadro 9.4 mostra alguns dos sinais de identificação.

Quadro 9.4 Exemplos de placas de identificação

Placa	Nome
ES BR 101	Placa de identificação de rodovia
Av. Navegantes	Placa de identificação de região de interesse de tráfego e logradouro
Viaduto 9 de Julho	Placa de identificação nominal de pontes, viadutos, túneis, cursos d'água, passarelas, mananciais e áreas de proteção ambiental
km 519	Placa de identificação quilométrica
DIVISA DE ESTADOS Minas Gerais Bahia	Placa de identificação de limite de município, divisa de estados, fronteira e perímetro urbano
PEDÁGIO A 1 km	Placa de pedágio

Fonte: Adaptado de Conselho Nacional de Trânsito (2014).

--- **Importante** ---

As placas de identificação têm tarja e letras brancas e fundo azul, excetuando-se a placa de identificação de rodovia que tem fundo branco, tarja e letras em preto, de acordo com a Convenção Internacional de Sinais; as placas de orientação de destino têm tarja e letras brancas e fundo verde.

Placas de orientação de destino

As placas de orientação de destino indicam ao condutor de um veículo a direção e o sentido a seguir para atingir o destino da viagem. Além de orientar o percurso, elas informam as distâncias a percorrer. O Quadro 9.5 apresenta exemplos dos sinais de orientação de destino.

Placas educativas

As placas educaticas têm a função de educar o usuário da via, reforçando as recomendações quanto a **atitudes** e **comportamentos adequados** no atendimento às normas gerais de circulação.

Quadro 9.5 Exemplos de placas de orientação de destino

Placa	Nome
SAÍDA 230 / São Carlos (Centro) / A 1 km	Placa indicativa de sentido
Cj. Araçás Guaranhuns →	Placa de confirmação de sentido
S. J. Campos 16 km / Caraguatatuba 85 km / Campos do Jordão 95 km	Placa indicativa de distância
Louveira / Osasco / Centro / RETORNO	Placa diagramada

Fonte: Adaptado de Conselho Nacional de Trânsito (2014).

Importante

As placas educativas apresentam a forma retangular e são posicionadas com a maior dimensão na horizontal. A cor do fundo é branca, com orla e legendas na cor preta.

Placas de serviços auxiliares

As placas de sinalização de serviços auxiliares indicam ao usuário da via os locais onde eles deverão encontrar os serviços anunciados nos sinais. Elas atendem a necessidades de condutores e pedestres.

Importante

As placas de serviços auxiliares têm a forma retangular, com cor de fundo azul. As legendas, a orla, as setas e as tarjas são apresentadas na cor branca. Esses sinais ainda mostram pictogramas próprios de cada serviço existente.

Placas de atrativos turísticos

As placas de atrativos turísticos indicam os pontos de atrações turísticas existentes ao longo do trajeto, orientando sobre a direção e identificando os locais de potencial interesse. As atrações turísticas devem ser definidas pelo órgão público gestor das atividades turísticas.

FIGURA 9.2 Exemplos de placas educativas.
Fonte: Conselho Nacional de Trânsito (2004).

FIGURA 9.3 Exemplos de placas de serviços auxiliares: (a) placa para condutor; (b) placa para pedestre.
Fonte: Adaptada de Conselho Nacional de Trânsito (2014).

Essas placas possuem setas direcionais e/ou distâncias de cada atrativo. Os pictogramas ilustram o ponto de interesse.

Importante

As placas de atrativos turísticos apresentam a forma retangular. A cor de fundo é marrom e as legendas, a orla, as setas e as tarjas têm a cor branca.

Placas de postos de fiscalização

As placas de indicação de postos de fiscalização informam aos condutores a existência de postos da polícia rodoviária, de pesagem de veículos de carga ou de fiscalização fazendária. Elas identificam o local de acesso aos postos.

Importante

As placas de postos de fiscalização têm a forma retangular. Sua cor de fundo é azul no fundo e suas legendas, setas e tarjas têm a cor branca.

FIGURA 9.4 Exemplos de placas de atrativos turísticos.
Fonte: Adaptada de Conselho Nacional de Trânsito (2014).

FIGURA 9.5 Exemplos de placas de postos de fiscalização.
Fonte: Adaptada de Conselho Nacional de Trânsito (2014).

Sinalização horizontal

— Definição

A **sinalização horizontal** é composta por marcas sobre a via, isto é, por um conjunto de sinais constituídos por linhas contínuas e tracejadas, marcações, símbolos, setas ou legendas em tipos e cores diversas pintadas sobre o pavimento.

A finalidade da sinalização horizontal envolve regulamentar, advertir e indicar aos usuários – pedestres ou condutores de veículos – uma forma eficiente e segura de utilização da via.

A sinalização horizontal é uma das ferramentas que a engenharia de tráfego utiliza para organizar o fluxo de veículos com segurança, tendo repercussão direta na prevenção de acidentes de trânsito. Ela é muito importante em condições ambientais adversas, como neblina, chuva e à noite.

Este tipo de sinalização é constituído por combinações de linhas e cores que definem diferentes tipos de marcas viárias. Os principais objetivos do uso de cada cor são apresentados no Quadro 9.6.

— Dica

Uma sinalização horizontal bem projetada e executada serve como referência ao condutor, levando o tráfego a fluir com conforto e segurança. É um complemento à sinalização vertical.

Quadro 9.6 Utilização de cores na sinalização horizontal

Cor	Finalidade(s) do uso
Amarela	Demarcar faixas de rolamento de veículos com fluxos em sentidos opostos. Delimitar áreas de estacionamento e parada proibida.
Branca	Separar a circulação de veículos de mesmo sentido. Regulamentar áreas de travessias de pedestres. Regulamentar linhas de transposição e ultrapassagem. Posicionar linhas de retenção de veículos. Configurar setas, legendas e símbolos.
Vermelha	Demarcar ciclovias.

A sinalização horizontal é classificada por grupos de marcas, da seguinte forma:

- marcas longitudinais;
- marcas transversais;
- inscrições no pavimento.

Marcas longitudinais

As marcas longitudinais dividem as pistas de rodovias e vias urbanas em faixas de rolamento de veículos. Além disso, elas definem as faixas de uso exclusivo ou preferencial para algum tipo de veículo e também estabelecem regras de ultrapassagem e transposição.

As principais marcas longitudinais são indicadas no Quadro 9.7.

Quadro 9.7 Principais marcas longitudinais

Nome	Cor	Significado(s) e finalidade(s)
Linha de divisão de fluxos opostos	Amarela	Se a pintura é contínua, a ultrapassagem é proibida. Se tracejada, há possibilidade de ultrapassagem.
Linha de divisão de fluxos de mesmo sentido	Branca	Se a linha é contínua, é proibido ultrapassagem ou mudança de faixa. Se tracejada, essas ações são permitidas.
Linha de bordo	Branca	Delimitar o limite lateral externo de faixas de rolamento. Separar a pista do acostamento.

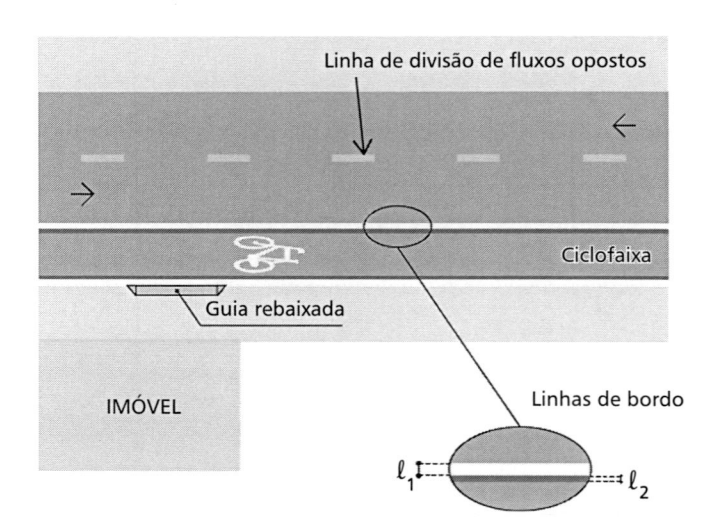

FIGURA 9.6 Exemplos de marcas longitudinais.
Fonte: Adaptada de Conselho Nacional de Trânsito (2007c).

Marcas transversais

As linhas transversais informam aos condutores de veículos as necessidades de redução da velocidade e paralisação do veículo, bem como indicam a travessia de pedestres.

O Quadro 9.8 traz as principais marcas transversais.

Inscrições no pavimento

As inscrições sobre o pavimento têm a finalidade de proporcionar uma melhor percepção do condutor sobre as condições de operação da via, permitindo a tomada de decisão mais adequada e no tempo certo para as diferentes situações que possam surgir.

Quadro 9.8 Principais marcas transversais

Nome	Descrição	Finalidade(s)	Recomendação(ões) de uso
Linha de retenção	Linha contínua e branca utilizada em toda a largura da pista ou faixa	Indicar ao condutor o local limite onde deve parar o veículo. Reforçar o sinal de "Pare".	Deve ser utilizada principalmente em aproximações semaforizadas e faixas de travessia de pedestre.
Linha de "Dê a preferência"	Linha tracejada na cor branca utilizada em toda a largura da pista ou faixa	Indicar ao condutor do veículo o local limite onde deve parar o veículo quando a via transversal é preferencial. Reforçar o sinal de via preferencial.	
Linhas de estímulo à redução de velocidade	Conjunto de linhas paralelas e contínuas na cor branca, em toda a largura da faixa, posicionadas transversalmente ao fluxo de veículos, com espaçamento variável e decrescente no sentido do percurso	Transmitir ao usuário a sensação de aumento de velocidade. Induzir a redução da velocidade.	Devem ser utilizadas em situações de maior risco, como pedágios, quebra-molas, etc.
Faixa de travessia de pedestres	Conjunto de marcas transversais do tipo zebrado, na cor branca	Delimitar uma área destinada à travessia prioritária de pedestres, de acordo com o CTB.	Sempre que possível, a localização deve seguir o caminho natural dos pedestres.
Marcação de cruzamento rodoferroviário	Retângulo de advertência com um desenho do sinal de "Cruz de Santo André", característico de cruzamentos, seguido por uma linha de retenção dupla na cor branca	Indicar ao condutor do veículo automotor a proximidade de um cruzamento em nível com uma ferrovia e o local limite para a parada do veículo.	

(a)

(b)

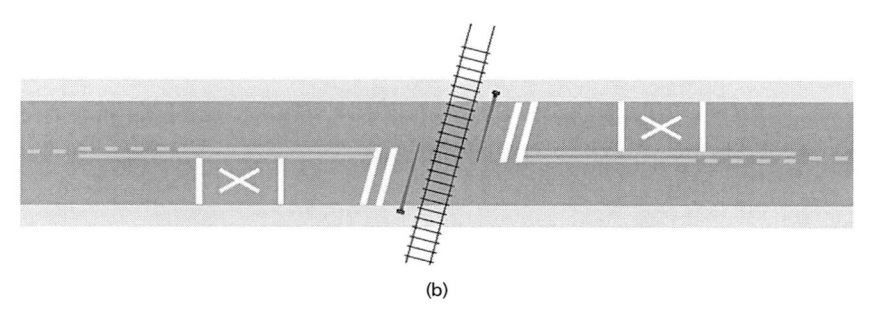

FIGURA 9.7 Exemplos de marcas transversais: (a) linha de retenção e faixa de travessia de pedestres; (b) marcação de cruzamento rodoferroviário.
Fonte: O autor (a) e Conselho Nacional de Trânsito (2007c) (b).

--- **Dica** ---

As inscrições no pavimento constituem uma sinalização complementar às sinalizações vertical e horizontal existentes, além de servirem também como advertência para determinadas situações.

O Quadro 9.9 apresenta os principais tipos inscrições no pavimento.

--- **Para saber mais** ---

Os tipos de símbolos mais usuais são: "Dê a preferência", "Cruz de Santo André", "Bicicleta", "Serviços de saúde" e "Deficiente físico". Este último é muito utilizado em vagas de estacionamentos.

Sinalização de obras

A sinalização de obras tem a finalidade de alertar e advertir os usuários da via sobre os mais diferentes tipos de obras e intervenções que são realizadas

Quadro 9.9 Principais inscrições no pavimento

Nome	Descrição	Finalidade(s)
Setas direcionais	A cor é branca; as dimensões e o tamanho estão regulamentados no Anexo II do CTB (CONSELHO NACIONAL DE TRÂNSITO, 2004)	Indicar movimentos em uma faixa de tráfego.
Símbolos		Alertar e indicar aos condutores as situações que ocorrem ao longo do trajeto.
Legendas	Mensagens curtas, pintadas na cor branca, constituídas por números e letras	Avisar, advertir e auxiliar os condutores sobre condições particulares de operação da via.

por onde circulam os veículos em deslocamento. Deve alertar também sobre possíveis caminhos alternativos.

Utilizam-se a sinalização vertical e a semafórica, que, combinadas, oferecem a devida condição de segurança e fluidez entre tráfego de veículos e

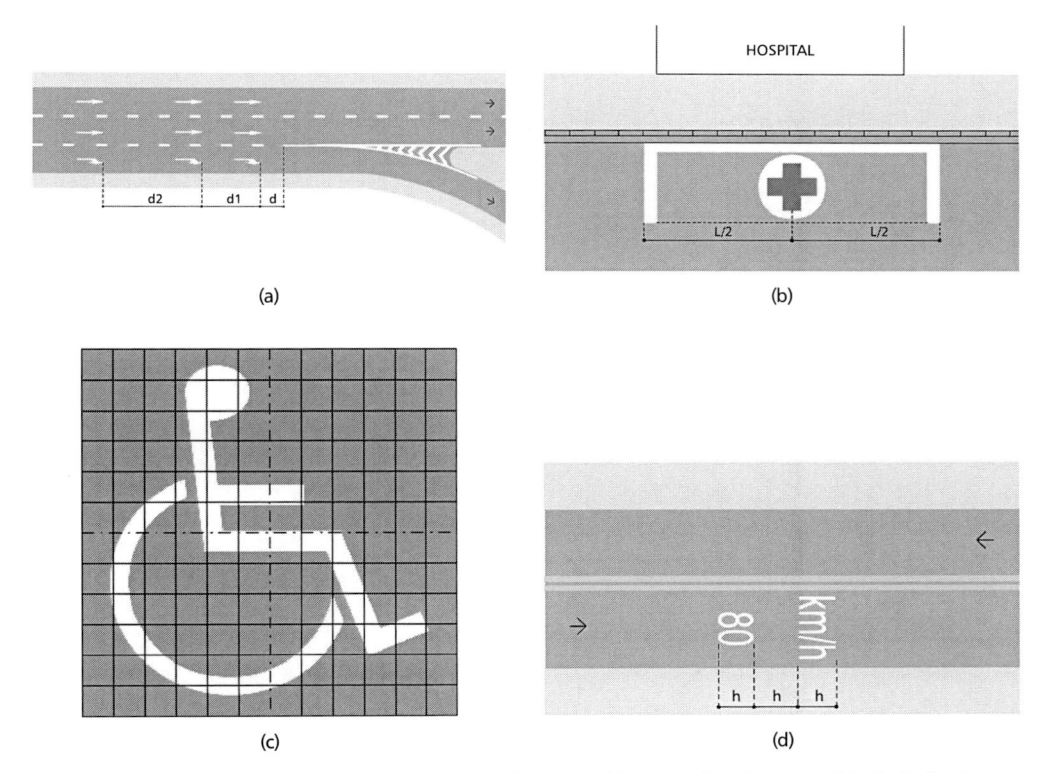

FIGURA 9.8 Exemplos de inscrições no pavimento: (a) setas direcionais; (b) símbolo de "Serviços de saúde" em um local de embarque e desembarque de pacientes; (c) símbolo de "Deficiente físico"; (d) legenda de velocidade operacional.
Fonte: Conselho Nacional de Trânsito (2007c).

execução de obras de forma simultânea. A sinalização de obras é provisória e deve ser removida quando os serviços estiverem concluídos.

— **Importante**

Na sinalização de obras, a cor de fundo é laranja. As letras, as setas, os símbolos, a tarja e a orla são apresentados na cor preta.

No Quadro 9.10, constam alguns exemplos de sinalização de obras.

Sinalização com dispositivos auxiliares

— **Definição**

Dispositivos auxiliares da sinalização são elementos posicionados junto à via ou próximos dela para tornar mais eficiente e segura a condução dos veículos. São constituídos por materiais, formas e cores diversas, dotados ou não de refletividade (BARBOSA, 2014).

Quadro 9.10 Exemplos de placas de obras

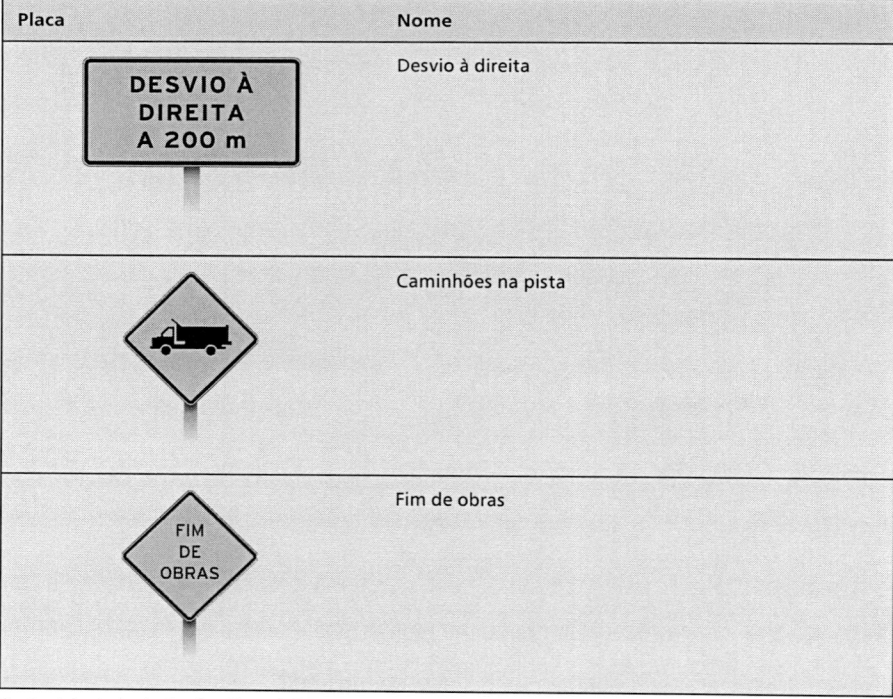

Placa	Nome
DESVIO À DIREITA A 200 m	Desvio à direita
	Caminhões na pista
FIM DE OBRAS	Fim de obras

Fonte: Adaptado de Coelho Aimoré (2015).

As funções dos dispositivos incluem incrementar a visibilidade da sinalização, do alinhamento da via e de obstáculos à circulação, bem como alertar o condutor para situações de potencial perigo de caráter permanente, temporário ou mesmo emergencial.

Dessa forma, tais dispositivos são utilizados para melhorar a visualização do condutor quanto a situações de perigo e quanto a mudanças acentuadas no alinhamento da via –por exemplo, uma curva horizontal de raio pequeno.

Importante

As cores utilizadas nos dispositivos auxiliares são: amarela e preta quando eles sinalizam situações permanentes; e laranja e branca quando indicam situações temporárias, como obras e acidentes.

O Quadro 9.11 apresenta exemplos de dispositivos auxiliares.

Para concluir

Se nos perguntarmos qual é a forma ideal de sinalizar no trânsito – verticalmente ou horizontalmente –, concluiremos que não há uma resposta simples. A finalidade e as condições do ambiente da sinalização são dois dos princi-

Quadro 9.11 Exemplos de dispositivos auxiliares

Dispositivo	Nome
	Cilindro delimitador
	Marcador de perigo
	Marcador de alinhamento

Fonte: Adaptado de Barbosa (2014).

pais aspectos a serem levados em conta, mas ainda há outros. A certeza que temos é que, seja de que tipo for, a sinalização deve ser bem projetada pelos órgãos competentes, a fim de atender a seus principais objetivos: proteger, controlar e orientar, conquistando a atenção e a confiança do usuário.

Além disso, sempre devemos ter em mente que a sinalização vertical não anula a sinalização horizontal e vice-versa. Essas duas modalidades são complementares; juntas, elas proporcionam maior fluidez no trânsito e ajudam a diminuir o número de acidentes. Por fim, vale mencionar a importância dos dispositivos auxiliares de sinalização, que possibilitam maior eficiência e ainda mais segurança à condução de veículos.

Atividades

1. Quanto à definição, às características e às responsabilidades concernentes à sinalização viária, marque **V** (verdadeiro) ou **F** (falso).

    ( ) O projeto e a aplicação da sinalização devem prever uniformidade, uma vez que situações iguais demandam sinalizações similares.

    ( ) A inadequação da sinalização de trânsito potencializa a ocorrência de acidentes.

    ( ) Com uma sinalização adequada, é possível corrigir falhas de projeto de vias.

    ( ) O órgão responsável pela fiscalização da sinalização de trânsito tem, entre suas atribuições, a responsabilidade de providenciar a correta implantação da sinalização.

    Assinale a alternativa que apresenta a sequência correta.

    (A) V – F – V – F

    (B) V – V – F – F

    (C) F – F – V – V

    (D) F – V – F – V

2. Sobre a sinalização vertical, assinale a alternativa correta.

    (A) As legendas e os símbolos da sinalização vertical são variáveis de acordo com o contexto de determinada localidade.

    (B) No caso das placas de advertência, sempre que há um perigo potencial é preferível pecar pelo excesso do que pela falta, a fim de afastar qualquer possibilidade de acidente.

    (C) O sinal de "Sentido proibido" constitui uma das exceções quanto à forma padrão das placas de regulamentação.

    (D) O conteúdo das placas indicativas é informativo e educativo.

3. Quanto às placas de indicação, correlacione as colunas.

(1) Placas de identificação

(2) Placas de orientação de destino

(3) Placas educativas

(4) Placas de serviços auxiliares

(5) Placas de atrativos turísticos

(6) Placas de postos de fiscalização

( ) Este grupo de placas vai ao encontro das necessidades de condutores e pedestres e conta com pictogramas para transmitir as informações.

( ) A placa de confirmação de sentido é um dos exemplos deste grupo.

( ) O objetivo deste grupo de placas é informar o condutor do veículo, durante o percurso, sobre as distâncias percorridas e o destino da viagem.

( ) Uma das finalidades deste grupo de placas é informar os condutores sobre onde há locais para pesagem de veículos de carga.

( ) A cor de fundo das placas deste grupo é marrom e outros elementos importantes, como legendas e setas, são brancos.

( ) Estas placas reforçam os comportamentos apropriados quanto às normas gerais de circulação.

Assinale a alternativa que apresenta a sequência correta.

(A) 4 – 2 – 1 – 6 – 5 – 3
(B) 2 – 3 – 1 – 6 – 4 – 5
(C) 1 – 2 – 6 – 4 – 5 – 3
(D) 3 – 4 – 6 – 5 – 1 – 2

4. Sobre a sinalização horizontal, considere as alternativas a seguir.

I Na sinalização horizontal, a cor usada para configurar setas, legendas e símbolos é a amarela.

II As linhas contínuas das marcas longitudinais permitem a ultrapassagem de veículos.

III As linhas de retenção devem ser posicionadas próximo a semáforos, uma vez que visam informar o condutor sobre o local limite onde ele deve parar o veículo.

IV As legendas das inscrições de pavimento devem ser curtas e podem conter números e letras.

Quais estão corretas?

(A) I e II.

(B) II e III.

(C) III e IV.

(D) I, III e IV.

5. Com relação à sinalização de obras e a sinalização com dispositivos auxiliares, assinale a alternativa correta.

   (A) Para a sinalização de obras, utiliza-se exclusivamente a sinalização vertical.

   (B) A sinalização de obras costuma ser permanente.

   (C) Os materiais usados nos dispositivos auxiliares podem ou não ter refletividade.

   (D) Nos dispositivos auxiliares, as cores amarela e preta são adotadas para indicar acidentes, por exemplo.

6 Procure, na região onde você mora, alguns exemplos de sinalização abordados ao longo deste capítulo e fotografe-os. Em um segundo momento, classifique--os de acordo com a divisão apresentada.

CAPÍTULO

10

Outras vias de transporte

Existem outras vias de transportes além daquelas já apresentadas neste livro; são as vias dos transportes complementares ou alternativos. Elas ocorrem em menor quantidade do que as tradicionais, porém sua importância é grande. Essas vias são adotadas devido a circunstâncias como saturação da malha viária e configuração do relevo ou, ainda, com a função de alimentar uma modalidade de transporte de massa.

Pela relevância, as seguintes modalidades de transporte foram selecionadas para estudo neste capítulo: teleféricos; monotrilhos; esteiras e escadas rolantes; e elevadores. Por fim, falaremos sobre um fenômeno recente: a mobilidade virtual, possibilitada pelo advento das novas tecnologias, que vem ajudando a reduzir os congestionamentos nas grandes cidades.

Neste capítulo você estudará:

- Teleféricos.
- Monotrilhos.
- Esteiras e escadas rolantes.
- Elevadores.
- Mobilidade virtual.

Teleféricos

Definição

Teleférico é um transporte aéreo de pessoas ou mercadorias cujos veículos – cabines normalmente fechadas – são sustentados por cabo(s) que dão a tração ao sistema. Pode-se dizer que sua via é o conjunto de cabos que se movimentam por controles localizados em estações ou terminais.

O teleférico é uma modalidade de transporte muito utilizada em locais de relevo acidentado, como encostas inclinadas. Esse tipo de transporte tem grande facilidade em transpor vales e divisores de água. Em terrenos planos, é usado para a movimentação de matérias-primas ou de produtos entre depósitos, fábricas ou portos marítimos.

A maioria dos teleféricos possui dois terminais, um superior e outro inferior. Podem existir estruturas intermediárias quando for necessária uma inflexão no traçado da via.

Teleféricos podem ter comprimentos de centenas de quilômetros em inclinações superiores a 45°. Seu deslocamento se dá a velocidades entre 3 e 7 m/s.

Atenção

A constituição do equipamento deve ser de alta qualidade, com elevados coeficientes de segurança para tornar o sistema confiável e seguro. Com chuvas e ventos fortes, a recomendação é suspender os deslocamentos por medida de segurança.

No Brasil, o sistema teleférico não é muito utilizado para deslocamentos ao trabalho, destacando-se mais para finalidades turísticas. Como exemplo, podemos citar os seguintes teleféricos:

- Pão de Açúcar (Rio de Janeiro, RJ)
- Complexo de favelas do Alemão (Rio de Janeiro, RJ)
- Parque Unipraias (Balneário Camboriú, SC)
- Parque do Caracol (Canela, RS)
- Serra de São Domingos (Poços de Caldas, MG)
- São Vicente (São Vicente, SP)

FIGURA 10.1   Teleférico em região montanhosa.
Fonte: Marcociannarel/iStock/Thinkstock.

Monotrilhos

Definição

Monotrilho é um meio de transporte elétrico associado a uma espécie de ferrovia constituída por um único trilho, diferentemente das ferrovias tradicionais, que são constituídas por dois trilhos. O trilho pode ser metálico ou de concreto armado.

Os monotrilhos podem ser suspensos, quando o veículo localiza-se abaixo do trilho, ou localizados sobre o trilho, quando o veículo encaixa-se sobre a superfície do trilho. Os monotrilhos são normalmente elevados.

Dica

Lateralmente, no monotrilho, devem ser posicionadas rodas-guia ou abraçadoras, que estabilizam o veículo, evitando o descarrilhamento.

O sistema pode atingir até 90 km/h e ascender greides de 6%. A composição pode ser constituída desde um único monocarro até nove, dependendo do fabricante.

O acesso de passageiros se dá pelas estações, por meio de escadas fixas ou rolantes em passarelas metálicas fechadas ou não. No espaço superior, ficam as salas operacionais, os bloqueios e as bilheterias. A cobertura das estações, via

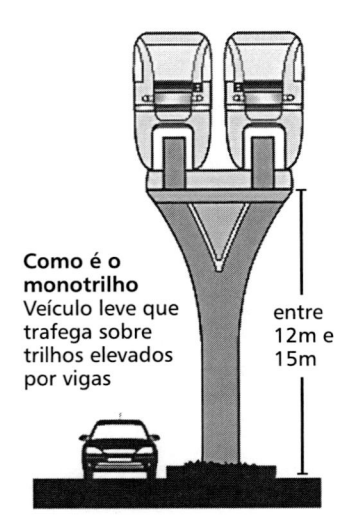

Como é o monotrilho
Veículo leve que trafega sobre trilhos elevados por vigas

entre 12m e 15m

FIGURA 10.2 Ilustração de projeto de monotrilho em São Paulo, SP.
Fonte: Monteiro e Rosati (2014).

de regra, é metálica para dar leveza ao conjunto. O afastamento entre as estações oscila em torno de 1,5 km, de acordo com o projeto (CICHINELLI, 2013).

O monotrilho aparece como alternativa viável em termos de custo e rapidez de construção de infraestrutura quando há a necessidade de sistemas de média capacidade no transporte de passageiros (FREITAS JUNIOR; ARAUJO, 2014). O Quadro 10.1 apresenta vantagens e desvantagens desse meio de transporte.

Quadro 10.1 Vantagens e desvantagens dos monotrilhos

Vantagens	Desvantagens
Ocupam um espaço menor em relação aos trens convencionais de superfície. O espaço ocupado limita-se aos pilares de sustentação da via elevada.	Necessitam de sua própria via, que é um "viaduto comprido e estreito".
Sendo menos espaçosos, ocasionam menos intrusão visual do que os sistemas elevados convencionais.	Ocupam maior espaço sobre a superfície quando comparados com sistemas subterrâneos.
Provocam menor poluição sonora, pois usam rodas de borracha quando em contato com a superfície.	Numa emergência, a retirada dos passageiros pode demorar, necessitando de plataformas ao longo da linha.
Deslocam-se mais rapidamente por curvas horizontais, aclives e declives do que os trens comuns.	
Não descarrilham e não ocasionam atropelamentos de pedestres.	
São fáceis de construir e têm menor custo quando comparados a sistemas de metrô.	

FIGURA 10.3 Monotrilho em Naha, Japão.
Fonte: 7maru/iStock/Thinkstock.

O monotrilho já foi testado e utilizado em cidades como Mumbai (Índia), Kuala Lumpur (Malásia) e Las Vegas (Estados Unidos). Em breve, deve iniciar a operação desse sistema em São Paulo, de forma integrada com o metrô, o trem e o ônibus.

Curiosidade

Existem sistemas elevados similares ao monotrilho. Um exemplo é o aeromóvel de Porto Alegre, movido por ar injetado em um duto que provoca o movimento do veículo pelo acionamento de uma "vela" ou um anteparo localizado na base do veículo. A linha, com 814 m, possui dois terminais: um na Estação Aeroporto do trem metropolitano e outro no Terminal 1 do Aeroporto Salgado Filho (EMPRESA DE TRENS URBANOS DE PORTO ALEGRE S.A., 2014).

O aeromóvel foi criado e desenvolvido totalmente no Brasil. Conceitualmente, não é um sistema monotrilho, mas, eventualmente, a bibliografia e sites da internet o classificam dentro dessa categoria.

Escadas e esteiras rolantes

Escadas e **esteiras rolantes** têm um importante papel no transporte de pessoas, servindo principalmente para conectar vários andares de edificações comerciais e industriais. Hoje em dia, escadas e esteiras rolantes são partes integrantes de shopping centers, centros e feiras comerciais, lojas de departamentos e cinemas. Além disso, integram instalações de transporte

FIGURA 10.4 Aeromóvel de Porto Alegre, RS.
Fonte: O autor.

público, como estações de metrô, aeroportos, rodoviárias, terminais de integração, etc.

Escadas e esteiras rolantes, assim, viabilizam o fluxo ininterrupto de pessoas na busca dos mais variados interesses. Isso é demonstrado na Figura 10.5, que compara escadas tradicionais e escadas rolantes no que se refere ao fluxo de pessoas.

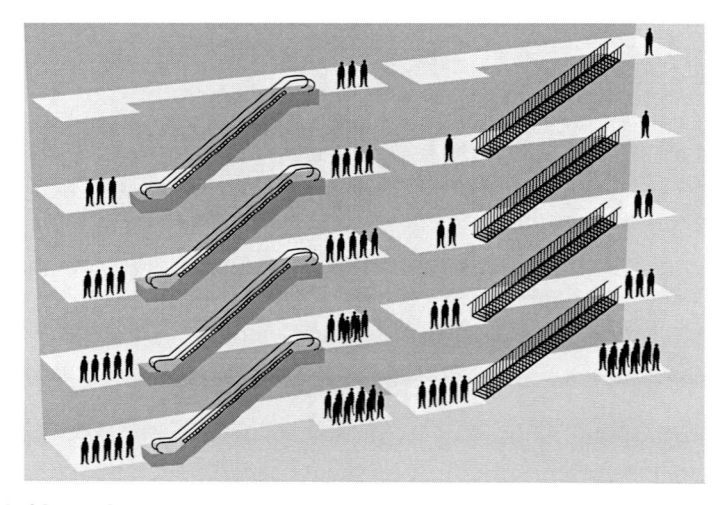

FIGURA 10.5 Comparativo entre escadas tradicionais (à direita) e rolantes (à esquerda).
Fonte: Atlas Schindler (2013).

— Dica

Em centros de vendas onde os clientes deslocam os produtos com carrinhos empurrados (p. ex., supermercados), a adoção de esteiras rolantes possibilita o acesso à área de estacionamento em nível inferior. Os investimentos nesse meio de transporte são compensados pelo conforto dos clientes e pelo aumento nas vendas.

Como mostra o Quadro 10.2, as escadas e esteiras rolantes possuem várias vantagens, contra apenas uma desvantagem.

Quadro 10.2   Vantagens e desvantagens das escadas e esteiras rolantes

Vantagens	Desvantagens
São convidativas ao uso, com degraus e *pallets* móveis.	Exigem cuidado no uso por crianças e cadeirantes, por motivos de segurança.
Ajudam a canalizar os fluxos de passageiros.	
São muito adequadas para pessoas idosas.	
Possuem elevada capacidade de transporte.	
Estão sempre disponíveis.	
Transportam pessoas de modo contínuo.	
Asseguram fluxos em todos os andares de um estabelecimento.	
Ajudam os usuários em deslocamentos maiores.	

FIGURA 10.6   Escada rolante no Aeroporto Salgado Filho, Porto Alegre, RS.
Fonte: O autor.

Elevadores

Definição

Elevador é um meio de transporte elétrico utilizado para movimentar pessoas ou cargas na vertical ou na diagonal.

Os primeiros elevadores foram usados em Roma, no século I, e eram movidos à força humana, animal e até mesmo da água. Com o desenvolvimento de elevadores mais funcionais e seguros, as edificações passaram a ter maiores alturas, revolucionando a ocupação do solo urbano.

As partes constituintes de um sistema de elevador serão apresentadas a seguir.

- A via do elevador é chamada de caixa. É um espaço normalmente vertical que contém os cabos e guias pelos quais o elevador se desloca.
- O veículo do sistema é a cabine, um compartimento onde são transportadas pessoas e cargas.
- O contrapeso é uma peça importante, pois auxilia no deslocamento, promovendo menor consumo de energia.
- As portas também são elementos importantes. Uma fica na cabine e a outra no pavimento servido. Elas abrem simultaneamente.
- O poço do elevador é o local onde ficam instalados os para-choques para proteção e limitação do percurso.

FIGURA 10.7 Elevador panorâmico no Aeroporto Salgado Filho, Porto Alegre, RS.
Fonte: O autor.

- Finalmente, a casa de máquinas é o local onde são instalados os equipamentos para a operação do sistema: o motor e o quadro de comando. Na maioria dos casos, a casa de máquinas está localizada na parte superior do poço.

Curiosidade

O Elevador Lacerda, localizado em Salvador, foi o primeiro elevador urbano do mundo (em 1873). Possui 72 m de altura e cumpre a função de conectar a Praça Cayru, na Cidade Baixa, com a Praça Tomé de Sousa, na Cidade Alta. Transporta, em média, 30 mil passageiros/dia em 30 segundos por viagem.

FIGURA 10.8 Elevador Lacerda, Salvador, BA.
Fonte: O autor.

Mobilidade virtual

Para refletir

Em 2011, 26% dos brasileiros gastavam mais de uma hora por dia em seu deslocamento para atividades rotineiras, como trabalho e estudo. Em 2014, esse percentual aumentou cinco pontos percentuais, passando para 31% (CONFEDERAÇÃO NACIONAL DA INDÚSTRIA, 2015).
Pense em medidas que poderiam ser tomadas para diminuir a rápida ascensão desse dado. Liste três sugestões.

O crescimento da frota de veículos, o aumento da população e a expansão das cidades para áreas periféricas tornam nossos maiores centros urbanos locais congestionados, desconfortáveis e insalubres para as boas relações sociais e profissionais de seus cidadãos. Assim, prejuízos sistêmicos, como perda de tempo, poluição sonora e do ar, consumo adicional de combustíveis, entre outros, consomem recursos e deterioram a vida comunitária.

Os poucos investimentos, planejamentos e ações para minimizar os prejuízos causados pelo alto volume de tráfego ainda têm como foco o incentivo ao uso de veículos automotores, realimentando as mazelas existentes. Assim, o grande desafio é responder: **como deslocar-se no meio urbano comprimido?** Essa é uma das principais questões a serem solucionadas para o desenvolvimento das cidades em crescimento.

Importante

Nos últimos anos, o domínio das tecnologias de comunicação e informação e o uso cada vez mais frequente da internet, particularmente pela população jovem, tem incrementado o que está sendo chamado de **mobilidade virtual**, que proporciona um ciclo de conectividade no espaço urbano e define um novo modo de viver nas cidades: o ir e vir sem sair do lugar.

Hoje, diversas atividades compõem um conjunto de práticas que estão em evolução e criando uma nova **"cultura da mobilidade"**. Entre tais atividades, podemos citar:

- movimentações bancárias;
- pagamento de títulos;
- pesquisas sobre qualquer assunto;
- lazer;
- consultas e obtenção de resultado de exames médicos;
- informações sobre transportes urbanos;
- chamadas a taxis;
- informações sobre o carregamento do sistema viário;
- compras em geral;
- reservas de passagens;
- entre outras.

Visando à atração, ao conforto e à distração dos clientes, há sinal para conexão à internet em hotéis, veículos de transporte coletivo urbano – interurbanos e interestaduais –, bares, restaurantes e muitos locais públicos. Por exemplo, em uma viagem de sete horas, ganharemos tempo se trabalharmos durante duas horas utilizando o celular ou o microcomputador.

Estamos cada vez mais participando de uma verdadeira revolução de otimização do tempo.

--- **Importante** ---

O uso do telefone celular para a comunicação rápida e a operação de suas ferrramentas e aplicativos – torpedos, mensagens de voz, Facebook, WhatsApp, Instagram, etc. – está viabilizando a possibilidade de muitos trabalharem em casa, o que reduz o número de deslocamentos, torna as pessoas menos dependentes do uso do carro e melhora a qualidade de vida nas cidades.

Determinar como medir ou aferir o alcance dos impactos produzidos por essa nova realidade ainda é difícil. É um assunto pouco estudado. Existem mecanismos e modelos comportamentais que podem ajudar, porém, até o momento, não há um conjunto denso de informações e análises que permitam uma melhor compreensão do fenômeno. Magalhães (2014), em sua dissertação de mestrado – uma da poucas fontes sobre o tema –, conclui que a mobilidade virtual traz os seguintes benefícios:

- reduz o custo de transporte;
- gera renda aos usuários do sistema urbano;
- torna o deslocamento independente da condição de acesso físico;
- produz uma redução da formação de capital especulativo da terra; e
- realoca indivíduos no espaço urbano a partir de necessidades e desejos de vida.

FIGURA 10.9 Microcomputador e telefone, duas potentes ferramentas da modernidade.
Fonte: BernardaSv/iStock/Thinkstock.

▰ Para concluir

Neste capítulo, estudamos algumas modalidades de transporte (bem como suas vias) que, em geral, destinam-se a percorrer distâncias menores. Contudo, isso não diminui sua importância. Por exemplo, um centro comercial sem escadas rolantes e/ou elevadores provavelmente sentiria um impacto negativo em suas vendas em relação a outro que contasse com essas formas de transporte. Além disso, algumas subidas a morros e montanhas seriam bem mais trabalhosas e menos viáveis com a ausência de teleféricos.

Não podemos deixar de mencionar a mobilidade virtual, que tem acarretado muitas mudanças nos deslocamentos e na vida das pessoas. Não é mais necessário sair de casa para pagar uma conta, reservar uma passagem ou fazer uma compra. Em alguns casos, é possível até mesmo trabalhar sem abandonar o conforto do lar e, consequentemente, sem ter que encarar o tráfego de veículos do dia a dia. Estamos vivendo uma revolução tecnológica que, ao que tudo indica, terá cada vez mais espaço na vida de todos.

Atividades

1. Sobre teleféricos e monotrilhos, marque **V** (verdadeiro) ou **F** (falso).

    ( ) O teleférico é mais eficiente em terrenos planos.

    ( ) No Brasil, o teleférico é mais utilizado para o turismo do que para o deslocamento até o trabalho.

    ( ) O sistema de monotrilho pode alcançar até 90 km/h.

    ( ) Uma das desvantagens do monotrilho é a poluição sonora provocada por ele.

    Assinale a alternativa que apresenta a sequência correta.

    (A) V – F – F – V

    (B) V – F – V – F

    (C) F – V – F – V

    (D) F – V – V – F

2. Com relação a esteiras rolantes, escadas rolantes e elevadores, considere as alternativas a seguir.

    I Escadas rolantes são importantes para o transporte em prédios comerciais e industriais.

    II Os custos que existem para a instalação de esteiras rolantes em supermercados costumam ser contrabalançados pelo posterior aumento das vendas nesses estabelecimentos.

III A despeito de suas diversas vantagens, o uso de escadas rolantes por pessoas idosas deve ser evitado.

IV Todos os elevadores operam no sentido vertical.

Quais estão corretas?

(A) I e II.

(B) II e III.

(C) III e IV.

(D) I, II e IV.

3. Quanto à mobilidade virtual, assinale a alternativa correta.

   (A) Há um número ínfimo de locais públicos sem sinal para conexão à internet.

   (B) A tecnologia atual dos telefones celulares permite que muitas pessoas trabalhem em casa, o que torna os centros urbanos menos congestionados.

   (C) Com os dados disponíveis hoje, é possível mensurar com precisão o alcance dos impactos da mobilidade digital.

   (D) Segundo Magalhães (2014), a mobilidade virtual provoca um aumento da formação de capital especulativo da terra.

4. Neste capítulo, falamos sobre as vias dos transportes complementares/alternativos mais relevantes, porém, há outras modalidades que também merecem ser lembradas. Faça uma pesquisa na internet e cite outras três formas alternativas de transporte. Explique suas características e as propriedades de suas vias.

CAPÍTULO

11

Estação, terminal e integração

Nas vias de transportes, é importante que haja pontos para embarque e desembarque de passageiros, bem como para carga e descarga de produtos. Para isso existem as estações e os terminais, cujas características serão abordadas neste capítulo.

Começaremos falando sobre as estações, com destaque para as paradas de ônibus e as estações de metrô. Em seguida, estudaremos aspectos dos terminais, enfatizando os terminais de carga e os terminais multimodais. Para encerrar, discutiremos a integração entre modalidades de transporte, que pode ser física ou tarifária.

Neste capítulo você estudará:

- O conceito e as características de estações.
- A definição e as classificações de terminais.
- A importância e os tipos de integração de transporte.

Estações

Definição

Estações são pontos ao longo de uma via de transporte onde ocorrem as operações de embarque e desembarque de passageiros ou carga e descarga de mercadorias.

As estações devem proporcionar aos usuários condições de conforto e comodidade que estimulem o uso da modalidade de transporte em questão. Além disso, devem ser bem sinalizadas, ter ampla acessibilidade, conter bilheterias, sanitários, dispositivos de informação e bancos para uso na espera dos veículos.

Atenção

Segundo Tavares (2015), a utilização de elementos de inibição de assaltos (p. ex., câmeras de monitoramento) e uma boa iluminação são de extrema importância. A estação deve estar em um local seguro.

No transporte público de passageiros com ônibus convencionais, as estações são simples e não contemplam todos os requisitos anteriores. Muitas vezes, são sinalizadas com uma placa ou, eventualmente, com uma cobertura para proteção contra a chuva (Figura 11.1).

FIGURA 11.1 Parada ou ponto de ônibus.
Fonte: Lars-Ove Lund/iStock/Thinkstock.

Já em transportes de massa como veículos do sistema *Bus Rapid Transit* (BRT) e metrô, muitas estações, além de espaçosas e confortáveis, são uma atração à parte, com obras de arte e decorações assinadas por renomados profissionais. Nessas estações, existem bons **sistemas de informação** aos passageiros. Há um amplo conjunto de informações confiáveis que contribuem para a credibilidade do sistema e a escolha do modal como meio de transporte, entre elas:

- tabelas de horários;
- mapas;
- tempo de chegada;
- itinerários.

Terminais

Definição

Terminais são pontos iniciais ou finais de vias de transporte. Possuem equipamentos para partida, chegada, embarque, desembarque, carga e descarga dos veículos. Normalmente, junto aos terminais, existem pátios para estacionamento e oficinas para limpeza e manutenção dos veículos do modal.

FIGURA 11.2 Estação Aeroporto da Empresa de Trens Urbanos de Porto Alegre (Trensurb), em Porto Alegre, RS.
Fonte: O autor.

Os terminais tradicionais, localizados nas extremidades de um trecho ou rota, também são conhecidos como **terminais de ponta**. Recentemente, têm sido implementadas estações localizadas entre os extremos da linha com características de terminal; elas são designadas como **terminais intermediários**.

Outra distinção que pode ser feita é entre **terminais de passageiros** e **terminais de carga**. De acordo com Bustamante (2015), os terminais de carga podem ser de dois tipos, que são descritos a seguir.

- **Gerais**: manuseiam qualquer tipo de carga – carga seca, granéis sólidos, líquidos e gasosos, cargas frigoríficas e cargas unitizadas (volumes e pesos diferentes de cargas acondicionados em unidades idênticas e uniformes).
- **Tipológicos**: operam tipos específicos de carga, como granéis sólidos, minerais ou petróleo e seus derivados.

O mesmo autor também classifica os terminais de acordo com o modo de transporte predominante. Segundo essa classificação os terminais podem ser:

- **portuários**;
- **ferroviários**;
- **rodoviários**; ou
- **aeroportuários**.

Com a evolução da economia e o desenvolvimento de novos modais de transporte e a melhoria dos existentes, o setor de transportes de cargas começou a estudar uma melhor coordenação técnica e operacional entre modais distintos, com vistas a uma melhor movimentação de cargas entre eles.

A partir de 1970, a pressão por maior produtividade e menores custos levou à evolução dos **terminais multimodais**, com uso de equipamentos modernos para garantir a fluidez das transferências de cargas no menor tempo, bem como a minimização de perdas e danos dentro de uma concepção de qualidade total.

Importante

A falta de maior integração entre modalidades do transporte de cargas, particularmente as de baixo valor agregado, é citada por muitos como um **gargalo logístico** que ainda trava o desenvolvimento econômico do Brasil.

Integração entre modalidades

Para refletir

Em uma cidade grande como São Paulo, por exemplo, quais são os impactos concretos de uma boa política de integração entre modalidades de transporte?

Algumas organizações não governamentais (ONGs) realizam estudos em torno dessa questão (p. ex., Mobilize). Pesquise alguns dados sobre os benefícios gerados pela integração do transporte. Você pode focar, por exemplo, a integração entre veículos de passeio e transporte público.

Muitas vezes, uma única modalidade de transporte não atende a todos os pontos de destino dos usuários do sistema de transporte. Por esse motivo, o transporte de passageiros ou cargas fica deficiente, o custo das tarifas eleva-se e o tempo perdido com espera para o transbordo é grande.

Nesses casos, a **integração do transporte** aparece como uma das soluções, disponibilizando o acesso a diferentes modos de transporte a fim de aperfeiçoar as combinações, aumentando a mobilidade. Dessa forma, os custos e o tempo de viagem tendem a diminuir.

Importante

No caso do transporte urbano, a integração incrementa o uso do transporte coletivo, diminui os congestionamentos e aumenta a qualidade de vida da população.

Os terminais de integração, em muitas cidades, são adotados como uma estratégia para a redução de problemas de circulação pela atração de usuários de automóveis para o transporte público. Por exemplo, no Rio de Janeiro, o projeto do veículo leve sobre trilhos (VLT) vai conectar metrôs, trens, barcas, teleféricos, BRTs, redes de ônibus convencionais e o Aeroporto Santos Dumont.

Com relação ao transporte de passageiros, a integração pode ser física ou tarifária.

Integração física

A **integração** é **física** quando é realizada em um terminal de ponta ou intermediário. Os usuários deslocam-se por pequenas distâncias entre veículos de um mesmo modal ou modais diferentes. Em geral, as estações ou terminais onde se realizam os transbordos têm cobertura e bancos, para proteção e comodidade dos usuários enquanto esperam o próximo veículo.

Alguns exemplos de integração física são:

- metrô – veículo de passeio;
- ônibus – veículo de passeio;
- metrô – ônibus;
- ônibus – ônibus;
- metrô – bicicleta;
- ônibus – bicicleta;
- metrô – avião;
- ônibus – avião.

— **Dica**

Devemos entender veículo de passeio como o conjunto de automóveis, camionetes e motocicletas.

Integração tarifária

A **integração tarifária** está associada à dispensa do pagamento da passagem para fazer o transbordo entre veículos de linhas ou modalidades distintas. Esse conceito vale para duas ou mais viagens, sendo a limitação de uso considerada no tempo em geral de uma a duas horas.

— **Importante**

A integração tarifária promove justiça social, pois viabiliza a qualquer usuário executar um deslocamento relacionado a trabalho, estudo, lazer, entre outros, pagando uma única passagem.

Sistemas mais modernos de integração tarifária utilizam **bilhetagem eletrônica**, constituída por um pequeno computador (validador) instalado dentro dos coletivos e acionado por um cartão com *chip*. Quando o cartão é introduzido no validador, este debita o custo da viagem e libera a catraca, permitindo a passagem do usuário e gravando informações sobre o horário e a linha no cartão. Assim, se a segunda viagem for realizada dentro do intervalo prefixado para a validade da integração, o validador do segundo coletivo não debita no cartão o valor da segunda viagem.

Curiosidade

Exemplos de integração no Brasil

- Em 1983, iniciou em São Paulo a efetiva integração entre ônibus e ferrovia. A integração era entre os ônibus da Companhia Municipal de Transportes Coletivos (CMTC; extinta em 1997) e os trens da Ferrovia Paulista S.A. (Fepasa; extinta em 1998) (SÃO PAULO, 2006).

- Como bom exemplo de integração entre modalidades de transportes, há o Aeroporto Internacional Salgado Filho, em Porto Alegre, onde, além do transporte aéreo, existem táxis, ônibus, aeromóvel, metrô, passarela para pedestres e estacionamentos para veículos de passeio. Na Figura 11.3, observamos passageiros com bagagem deixando o metrô e deslocando-se para o aeroporto por meio das estruturas de integração.

FIGURA 11.3 Integração no Aeroporto Salgado Filho, em Porto Alegre, RS.
Fonte: O autor.

▬ Para concluir

Estações e terminais viabilizam o acesso e o uso das vias de transportes. É por meio desses pontos, por exemplo, que passageiros entram e saem de metrôs e mercadorias são embarcadas e desembarcadas em portos.

Quanto à integração entre modalidades de transporte, sua importância é indiscutível. A diminuição do número de veículos de passeio no trânsito e a redução dos custos para usuários de transporte público são apenas duas das inúmeras vantagens proporcionadas pela integração. Muitas capitais e grandes cidades brasileiras já contam com algum nível de integração no transporte, porém, certamente, ainda há muito a ser feito nesse sentido.

Atividades

1. Sobre as estações, assinale a alternativa correta.
   (A) Estações são pontos iniciais ou finais de vias de transporte.
   (B) Um dos critérios a que as estações devem atender é o oferecimento de segurança aos usuários do transporte.
   (C) As estações de ônibus convencionais costumam ser mais completas e elaboradas do que as estações de metrô.
   (D) Com o avanço tecnológico, em que quase todos têm celulares com acesso à internet, deixou de ser necessário que as estações forneçam informações como mapas e tabelas de horários.

2. Quanto aos terminais, marque V (verdadeiro) ou F (falso).
   ( ) Apesar de terminal e estação, em princípio, constituírem conceitos diferentes, algumas estações, atualmente, são chamadas de terminais intermediários.
   ( ) Os terminais de carga tipológicos manuseiam qualquer tipo de carga.
   ( ) Há algumas décadas, começaram a ser implementados os terminais multimodais, que visam a uma maior produtividade.
   ( ) A ampla integração entre modalidades de transporte de cargas existente no Brasil favorece o desenvolvimento econômico do país.

   Assinale a alternativa que apresenta a sequência correta.
   (A) F – V – F – V
   (B) F – F – V – V
   (C) V – F – V – F
   (D) V – V – F – F

3. Com relação à integração entre modalidades, considere as alternativas a seguir.

   I A integração do transporte ajuda a diminuir os custos dos deslocamentos.

   II Um efeito colateral da integração no transporte urbano é o aumento dos congestionamentos.

   III A integração entre ônibus e bicicleta é um exemplo de integração física.

   IV A bilhetagem eletrônica consiste em uma forma de modernização da integração tarifária.

   Quais estão corretas?

   (A) I e II.
   (B) III e IV.
   (C) I, II e III.
   (D) I, III e IV.

4. Na cidade onde você mora existe algum tipo de integração de transporte? Cite quais. Se não houver, pesquise quais são as alternativas de integração existentes em uma cidade de maior porte que seja próxima à sua.

CAPÍTULO

12

Planejamento, contratação e fontes de recursos

Em todos os cantos do país, a necessidade de vias de transportes é muito grande. A construção de uma via de transporte, de qualquer que seja a modalidade, movimenta a economia e promove o desenvolvimento regional. As diferentes esferas do governo também têm interesse (social, econômico e político) na implementação de infraestrutura viária, pois vias de transportes são agentes de integração e de desenvolvimento global.

A importância de uma infraestrutura adequada de vias de transporte, portanto, é indiscutível. Tais obras costumam ser dispendiosas e complexas, assim, é essencial que se tenha atenção aos seguintes aspectos: planejamento das ações, contratação de obras e serviços e definição das fontes de recursos. Esses serão os assuntos abordados ao longo deste capítulo.

Neste capítulo você estudará:

- O planejamento das ações concernentes à infraestrutura viária.
- A contratação de obras e serviços ligados às vias de transportes.
- A definição das fontes de recursos para a implantação e a manutenção das vias de transportes.

Planejamento das ações

Para refletir

Todos anseiam por desenvolvimento, todos têm interesse em vias de transportes; não há dúvida sobre isso. Contudo, a quem cabe a responsabilidade pelo planejamento das ações que levam à implementação de uma via? Como cada esfera do governo se envolve com essa questão?

Os interesses e as necessidades por vias de transporte são imensos, porém os recursos públicos são escassos. Assim, a aplicação dos recursos deve ser criteriosa. Fica claro que deve haver um planejamento que dite, por exemplo:

- quais são os melhores investimentos;
- qual é a população que deve ser atingida;
- quais devem ser os respectivos retornos.

O Brasil tem um longo histórico de planos viários para organizar a estrutura física e operacional dos vários modos de transporte, a aplicação de recursos, as nomenclaturas de vias, as normas técnicas e outros assuntos pertinentes. Está em vigência a Lei nº 12.379 de 6 de janeiro de 2011, que dispõe sobre o **Sistema Nacional de Viação (SNV)** (BRASIL, 2011). Essa lei constitui uma evolução da Lei nº 5.917 de 10 de setembro de 1973, que aprovou o Plano Nacional de Viação (PNV) (BRASIL, 1973).

Para saber mais

O SNV, que guia o planejamento viário geral no Brasil, foi produzido pelo Poder Executivo, debatido e aprovado pelo Poder Legislativo e, depois da sanção presidencial, assumiu força de lei (BRASIL, 2011).

O SNV é composto pelo Sistema Federal de Viação e pelos sistemas de viação dos estados, do Distrito Federal e dos municípios. Os objetivos do Sistema Federal de Viação são os seguintes:

- Assegurar a unidade nacional e a integração regional.
- Garantir a malha viária estratégica necessária à segurança do território nacional.
- Promover a integração física com os sistemas viários dos países limítrofes.
- Atender aos grandes fluxos de mercadorias em regime de eficiência, por meio de corredores estratégicos de exportação e abastecimento.
- Prover meios e facilidades para o transporte de passageiros e cargas, em âmbito interestadual e internacional.

— Importante

Os sistemas estaduais têm objetivos similares ao sistema federal. Ambos devem ser atualizados periodicamente.

A União, os estados e os municípios exercem suas competências por meio de órgãos e **entidades da administração** (Departamento Nacional de Infraestrutura de Transportes [DNIT], Departamentos de Estradas de Rodagem [DERs], agências, etc.) ou mediante parceria público-privada, concessão, autorização ou arrendamento a empresa pública ou privada.

O SNV engloba os subsistemas rodoviário, ferroviário, aquaviário e aéreo. Em quadros anexos ao SNV, consta a relação de todos componentes físicos de todos os subsistemas. Qualquer alteração na listagem da descrição das vias integrantes dos anexos só pode ser feita com base em critérios técnicos e econômicos que justifiquem as alterações. Além do mais, as inserções dependem de aprovação de lei específica nos casos dos transportes terrestre e aquaviário e de ato administrativo da autoridade gestora para o caso do transporte aéreo.

— Atenção

Obras de vias de transportes integrantes do SNV somente podem ser implementadas quando o projeto de engenharia, estudos e licenças ambientais estiverem devidamente aprovados. Isso faz parte do planejamento.

Só podem ser aplicados recursos públicos em vias de transportes integrantes do SNV. Eventualmente, podem ser investidos recursos em vias de outras esferas de governo mediante convênio.

Cada governo busca no SNV uma relação de vias de transportes para constituir seus programas de governo de forma compatível com os recursos disponíveis. Um plano de obras compatível com os recursos disponíveis também faz parte do planejamento.

Contratação de obras e serviços

— Para refletir

Tomada a decisão pela construção de determinada obra de via de transporte e estando o projeto de engenharia e os estudos ambientais concluídos, pode-se dar início ao empreendimento. Por que meio(s) se define quem será contratado para executar a obra de implementação de uma via de transporte?

A execução de obras e serviços por administração direta é cada vez mais rara. A política de enxugamento do tamanho do Estado aponta para terceirização dos serviços com a iniciativa privada por meio de contratações. Permanece o Estado mais nas funções de fiscalizar os serviços e gerir os recursos públicos. Para escolher quem deverá ser contratado, deve-se proceder a um procedimento de escolha chamado de licitação.

Definição

Licitação é um procedimento administrativo formal para contratação de serviços ou aquisição de produtos pelos entes da Administração Pública direta ou indireta. A licitação sempre deve ser pública, ter ampla publicidade e ser acessível a qualquer cidadão ou organização.

O **edital de licitação** é um instrumento no qual a Administração especifica as exigências para a contratação de serviços e o fornecimento de materiais. O edital deve definir claramente o objeto do processo, a experiência e a abrangência necessárias ao fornecedor de serviço ou produto. É necessário fornecer todos os elementos indispensáveis para os proponentes formularem os preços unitários e globais.

As modalidades de licitação são descritas no Quadro 12.2.

A Tabela 12.1 apresenta os valores e limites por modalidade de licitação.

Atenção

Nas licitações de obras e serviços de engenharia, o órgão contratante deve fornecer aos participantes, junto com o edital, todas as informações e elementos possíveis (projeto, especificações, etc.) para montagem dos preços e totalização da proposta.

No Brasil, o Governo Federal conta com três regimes para contratação de obras públicas (FARIELLO, 2015), que são descritos a seguir:

- **Baseado na Lei nº 8.666 de 21 de junho de 1993.** Essa lei tem mais de 20 anos e vem sendo aperfeiçoada, pois existem dificuldades para se chegar a critérios objetivos de julgamento em casos de licitações por técnica e preço.
- **Com possibilidade de contratação por carta-convite.** Neste regime, são distribuídos convites para participação em concorrências. Tem sido criticado, pois é apontado como facilitador de esquemas de corrupção.
- **Baseado no Regime Diferenciado de Contratação (RDC).** Em 2011, foi criado o RDC, com possibilidade de contratação sem projeto executivo e com existência de fase única de recursos. O RDC surgiu

Quadro 12.2   Modalidades de licitação

Pregão eletrônico	Tem sido a modalidade mais utilizada para compras e contratações no Brasil, devido à transparência e à celeridade do processo. Promove mais competitividade entre os participantes e, consequentemente, uma redução nos custos.
Carta-convite	É a modalidade de licitação entre interessados cadastrados do ramo pertinente ao bem licitado. São convidados, no mínimo, três participantes. A cópia do instrumento convocatório é fixada em local público para acesso a todos os cadastrados na especialidade.
Tomada de preços	É a modalidade de licitação entre interessados cadastrados ou que atendam a todas as condições exigidas para o cadastramento até o terceiro dia anterior à data do recebimento das propostas. É muito utilizada para compras.
Concorrência	É a modalidade mais ampla existente. Permite a participação de qualquer licitante interessado na realização de obras e serviços e na aquisição de qualquer tipo de produto. Apresenta exigências mais rígidas para a fase de habilitação.
Pregão presencial	Aplica-se a qualquer modalidade. Pode substituir as cartas-convites, a tomada de preços e a concorrência na aquisição de bens de uso comum. A disputa é feita em sessão pública por meio de propostas escritas ou lances verbais.
Leilão	É a modalidade de licitação entre quaisquer interessados para a venda de bens móveis inservíveis para a Administração e produtos legalmente apreendidos ou penhorados ou para a alienação de bens imóveis. O vencedor é quem oferece o maior lance, igual ou superior ao da avaliação.
Concurso	É a modalidade de licitação entre quaisquer interessados para a escolha de trabalho técnico, científico ou artístico mediante a instituição de um prêmio ou remuneração aos vencedores, conforme critérios estabelecidos no edital.

para agilizar a contratação das obras da Copa do Mundo de 2014 e das Olimpíadas de 2016. Neste caso, contrata-se, de uma só vez, o projeto e a obra com a mesma empresa.

Tabela 12.1   Valores e limites por modalidade de licitação (valores vigentes em 2015)

Modalidade	Compras ou serviços	Obras e serviços de engenharia
Dispensa	Até R$ 8.000,00	Até R$ 15.000,00
Carta-convite	Acima de R$ 8.000,00 e até R$ 80.000,00	Acima de R$ 15.000,00 e até R$ 150.000,00
Tomada de preços	Acima de R$ 80.000,00 e até R$ 650.000,00	Acima de R$ 150.000,00 até R$ 1.500.000,00
Concorrência	Acima de R$ 650.000,00	Acima de R$ 1.500.000,00
Pregão presencial	Para estas modalidades não existem limites estabelecidos por lei. Os pregões são mais utilizados para bens e serviços de uso comum.	
Pregão eletrônico		
Concurso		

Fonte: Adaptada de Albuquerque (2011).

Definição das fontes de recursos

Para refletir

Tendo em vista os altos valores envolvidos na disponibilização de infraestrutura viária, torna-se relevante questionar a origem da verba destinada a esse tipo de obra. De que modo(s) o governo arrecada recursos para a implementação e a manutenção de vias de transportes?

O valor dos serviços de construção e manutenção de vias de transportes é muito elevado. Por exemplo, a ordem de grandeza do custo de implantação completa de 1 km de rodovia de Classe I gira em torno de 4,5 milhões de reais. Uma ferrovia custa de quatro a seis vezes mais. Atualmente, há uma previsão de implantação de um novo aeroporto em São Paulo ao custo de 5 bilhões. Uma nova linha de metrô em Porto Alegre, com 12 km, deverá consumir cerca de 5,2 bilhões de reais.

Importante

A fonte interna mais importante para o financiamento de programas de vias de transporte são os recursos orçamentários, oriundos das receitas da União e dos estados. Contudo, os recursos orçamentários, normalmente, são insuficientes para o custeio dos planos e programas dos governos.

Como as necessidades de infraestrutura são grandes e os recursos, escassos, o governo lança mão de fontes adicionais para a aplicação em obras de transportes. Outras fontes importantes de recursos serão apresentadas a seguir.

Operações de crédito

Trata-se de um recurso obtido junto a bancos ou organizações financeiras estatais ou privadas. Nos últimos anos, têm se destacado operações de empréstimos com o Banco Internacional para Reconstrução e Desenvolvimento (BIRD; Banco Mundial). A maioria dos financiamentos é canalizada para contratos de restauração e manutenção, conhecidos como **Crema**, com duração de até cinco anos.

Contribuição de intervenção no domínio econômico (CIDE)

É um tipo de contribuição especial de competência exclusiva da União. É incidente sobre a importação e a comercialização de:

- gasolina;
- diesel;
- querosene de aviação;
- óleos combustíveis;
- gás liquefeito de petróleo (GLP);
- gás natural e de nafta;
- álcool etílico combustível.

Do total arrecadado, 71% vai para o orçamento da União e os outros 29% são distribuídos entre os estados e o Distrito Federal, em cotas proporcionais à extensão da malha viária, ao consumo de combustíveis e à população. Os recursos devem ser aplicados em:

- programas ambientais para reduzir os efeitos da poluição causada pelo consumo de combustíveis;
- subsídios à compra de combustíveis; ou
- infraestrutura de transportes.

FIGURA 12.1 A CIDE é a contribuição sobre importação e comercialização de combustíveis.
Fonte: SbytovaMN/iStock/Thinkstock;

Pedágios

O Programa Brasileiro de Concessões iniciou na década de 1990 como uma alternativa à falta de recursos federais e estaduais para a recuperação, manutenção, melhoria e expansão da malha rodoviária existente. O sistema permite a transferência, por meio de licitação, de um bem público (p. ex., uma via de transporte) à iniciativa privada por prazo determinado (entre 20 e 30 anos), com renovação ou não do contrato.

—— **Para saber mais** ——————————————————————

A Associação Brasileira de Concessionárias de Rodovias (ABCR) (2015) informa que, entre 2015 e 2020, deverão ser investidos mais de R$ 55 bilhões em serviços de conservação, melhorias e ampliações da malha viária concedida. Desde 1995, já foram investidos mais de R$ 45 bilhões. Dos recursos arrecadados com a cobrança de pedágio, 42% são investidos e 20% são destinados a tributos e pagamentos ao poder concedente. Os demais custos são com pessoal, despesas finaceiras, tecnologia, operação e remuneração do capital investido.

Em 2012, o Governo Federal lançou o Programa de Investimentos em Logística, com o objetivo de ampliar a infraestrutura em rodovias, ferrovias,

FIGURA 12.2 Os pedágios recolhem taxas para investir na malha rodoviária.
Fonte: Shariff Che\'Lah/iStock/Thinkstock;

hidrovias, portos e aeroportos. O modal ferroviário irá garantir a aplicação de R$ 86,4 bilhões na construção, modernização e manutenção de 7.500 km de linhas férreas (BRASIL, 2015b).

Multas por infrações de trânsito

As multas aplicadas com a finalidade de punir quem transgride a legislação de trânsito são receitas públicas orçamentárias, classificadas como outras receitas correntes. São destinadas exclusivamente para atender despesas com sinalização viária, engenharia de tráfego, policiamento, fiscalização e educação para o trânsito (CONSELHO NACIONAL DE TRÂNSITO, 2011).

Receitas próprias dos órgãos

São receitas próprias aquelas provenientes de esforços de arrecadação de cada órgão. São valores que o órgão tem a competência legal de prever e arrecadar e servem para custear parte das despesas públicas e necessidades de investimentos.

Curiosidade

Uma das receitas próprias mais importantes é a **tarifa aeroportuária**, que remunera a Empresa Brasileira de Infraestrutura Aeroportuária (Infraero) por serviços prestados a usuários de aeroportos, passageiros e companhias aéreas.

As receitas próprias arrecadadas por órgãos públicos não atingem um montante suficiente para cobrir investimentos em vias de transportes diante do grande valor de recursos que as vias consomem. Eventualmente, tais receitas ajudam em despesas básicas de custeio dos órgãos.

Para concluir

Mesmo com um instrumento legal como o SNV norteando o planejamento viário brasileiro, as decisões acerca da construção e da manutenção das vias de transportes estão longe de constituir tarefas simples. As licitações para contratação de empresas para a execução de obras podem ser processos bastante complexos, e a falta de recursos pode inviabilizar a realização do empreendimento.

Para tornar mais eficaz a gestão das obras de infraestrutura viária, é importante que haja um bom planejamento acerca dessas etapas. As diferentes esferas do governo devem adotar medidas para selecionar a modalidade de licitação e a fonte de recurso mais adequada para cada via que seja de sua competência.

Atividades

1. Sobre o planejamento viário brasileiro, considere as alternativas a seguir.

   I   O PNV substituiu o SNV.

   II O Sistema Federal de Viação deve ter atualização periódica.

   III Alterações na listagem da descrição das vias integrantes dos anexos do SNV são feitas com frequência, de acordo com as necessidades, sem trâmites burocráticos.

   IV Pode haver investimento de recursos em vias de outras esferas de governo, desde que isso seja feito por meio de convênio.

   Quais estão corretas?

   (A) I e II.

   (B) II e III.

   (C) II e IV.

   (D) I, III e IV.

2. Quanto às modalidades de licitação, correlacione as colunas.

   (1) Pregão eletrônico

   (2) Carta-convite

   (3) Tomada de preços

   (4) Concorrência

   (5) Pregão presencial

   (6) Leilão

   (7) Concurso

   ( ) É uma modalidade que envolve trabalhos técnicos e científicos.

   ( ) É uma modalidade em que qualquer licitante interessado pode participar, porém, suas exigências para a etapa de habilitação são mais rígidas do que em qualquer outra modalidade.

   ( ) É uma modalidade que permite propostas escritas ou lances verbais.

   ( ) É uma modalidade que tem sido censurada por, supostamente, favorecer esquemas de corrupção.

   ( ) É uma modalidade bastante empregada por trazer transparência e rapidez ao processo.

   ( ) É uma modalidade que pode ser usada para obras e serviços de engenharia acima de R$ 150.000 e até 1.500.000.

   ( ) É uma modalidade que, entre outras funções, serve para a alienação de bens imóveis.

Assinale a alternativa que apresenta a sequência correta.
- (A) 7 – 4 – 5 – 2 – 1 – 3 – 6
- (B) 5 – 4 – 7 – 2 – 6 – 3 – 1
- (C) 7 – 2 – 5 – 3 – 1 – 2 – 6
- (D) 1 – 2 – 4 – 6 – 3 – 7 – 5

3. Quanto à definição das fontes de recursos, assinale a alternativa correta.
    - (A) Os recursos orçamentários, em geral, são suficientes para custear os planos e programas governamentais.
    - (B) Os recursos da CIDE são distribuídos igualmente entre os estados da União e o Distrito Federal.
    - (C) Pelo Programa Brasileiro de Concessões, a iniciativa privada pode ficar responsável por um bem público durante um prazo determinado.
    - (D) As receitas oriundas de multas por infrações de trânsito podem ser aplicadas em investimentos que não estejam associados às questões de trânsito (p. ex., obras de saneamento).

4. Em relação aos assuntos abordados neste capítulo, marque (V) verdadeiro ou F (falso).
    - ( ) Uma obra de via de transporte integrante do SNV não pode ser implantada sem a aprovação do projeto de engenharia e das licenças ambientais.
    - ( ) Informações e especificações sobre o projeto em questão sempre devem ser disponibilizadas com o edital em licitações de obras e serviços de engenharia.
    - ( ) A licitação pode ser pública ou privada; neste segundo caso, ela é direcionada apenas a determinados cidadãos ou organizações.
    - ( ) No Brasil, todas as operações de crédito são realizadas com bancos e organizações financeiras nacionais.

5. Assinale a alternativa que apresenta a sequência correta.
    - (A) V – F – F – V
    - (B) V – V – F – F
    - (C) F – F – V – V
    - (D) F – V – V – F

Referências

ALBUQUERQUE, R. B. (Org.). *Lei nº 8.666, de 21 de junho 1993*: lei das licitações e dos contratos administrativos. Florianópolis: BFMG, 2011. Disponível em: <http://www.bfgm.com.br/docs/acervo/lei_8666.pdf>. Acesso em: 4 nov. 2015.

ALBUQUERQUE, S. M. *Modelagem de alternativas de traçado de ferrovias com uso de ferramentas de SIG e parâmetros geoambientais*. 2015. 188 f. Dissertação (Mestrado em Geociências Aplicadas) – Programa de Pós-Graduação em Geociências, Instituto de Geociências, Universidade de Brasília, Brasília, 2015.

ANDRADE, W. *O avanço das bicicletas no Brasil e no mundo*. [S.l.]: Portal Fórum, 2014. Disponível em: <www.revistaforum.com.br/2014/07/o-avanco-das--bicicletas-brasil-e-mundo>. Acesso em: 3 set. 2015.

ASCOBIKE. *Manual para implantação de bicicletários*. São Paulo: ASCOBIKE, 2015. Disponível em: <http://ascobike.org.br/artigos/artigo_1.asp>. Acesso em: 6 set. 2015.

ASSOCIAÇÃO BRASILEIRA DE CONCESSIONÁRIAS DE RODOVIAS. *Site*. São Paulo: ABCR, 2015. Disponível em: <www.abcr.org.br>. Acesso em: 6 nov. 2015.

ASSOCIAÇÃO NACIONAL DAS EMPRESAS DE TRANSPORTES URBANOS. *Faixas exclusivas de ônibus urbano*: experiências de sucesso. Brasília: NTU, 2013.

ATLAS SCHINDLER. *Guia de planejamento*: projetos de escadas e esteiras rolantes. São Paulo: Atlas Schindler, [2013].

BARBOSA, R. E. *Dispositivos auxiliares e sinalização temporária*: informação e estatística/Denatran: apresentação. [S. l.]: Brasília, 2014.

BRASIL. *Lei nº 5.917, de 10 de setembro de 1973*. Aprova o Plano Nacional de Viação e dá outras providências. Brasília: Presidência da República, 1973. Disponível em: <http://www.planalto.gov.br/ccivil_03/LEIS/L5917.htm>. Acesso em: 23 nov. 2015.

BRASIL. *Lei nº 12.379, de 6 de janeiro de 2011*. Dispõe sobre o Sistema Nacional de Viação – SNV. Brasília: Presidência da República, 2011. Disponível em: <http://www.planalto.gov.br/ccivil_03/_Ato2011-2014/2011/Lei/L12379.htm>. Acesso em: 22 nov. 2015.

BRASIL. *Lei nº 9.503, de 23 de setembro de 1997*. Institui o Código de Trânsito Brasileiro. Brasília: Presidência da República, 1997. Disponível em: <http://www.planalto.gov.br/ccivil_03/LEIS/L9503.htm>. Acesso em: 19 ago. 2015.

BRASIL. Ministério da Saúde. *Brasil é o quinto país do mundo em mortes por acidentes no trânsito*. Brasília: MS, 2015a. Disponível em: <http://www.blog.saude.gov.br/35535-brasil-e-o-quinto-pais-no-mundo-em-mortes-por-acidentes-no--transito>. Acesso em: 30 set. 2015.

BRASIL. Ministério do Planejamento. *Programa de investimentos em logística*. Brasília: MP, 2015b. Disponível em: <http://www.logisticabrasil.gov.br>. Acesso em: 6/11/2015. Acesso em 04/11/2015.

BRASIL. Ministério dos Transportes. *Transporte aquaviário*. Brasília: MT, 2014. Disponível em: <http://www.transportes.gov.br/transporte-aquaviario-relevancia.html>. Acesso em: 24 ago. 2015.

BRASIL. Ministério dos Transportes. *Transporte ferroviário*. Brasília: MT, 2015c. Disponível em: <http://www.transportes.gov.br/transporte-ferroviario-relevancia.html>. Acesso em: 24 ago. 2015.

BRT BRASIL. *O futuro do transporte coletivo de superfície*. [S. l.]: BRT Brasil, [2014]. Disponível em: <www.brtbrasil.org.br>. Acesso em: 9 set. 2015.

BUSTAMANTE, J. C. *Terminais de transporte de carga*. Vitória: UFES – NULT, [2015].

CICHINELLI, G. Monotrilho Leste: modal inédito no país chama a atenção pela velocidade executiva e precisão milimétrica das vias e estações elevadas. *Infraestrutura Urbana*, ed. 25, abr. 2013. Disponível em: <http://infraestruturaurbana.pini.com.br/solucoes-tecnicas/25/artigo279340-3.aspx>. Acesso em: 21 out. 2015.

COELHO AIMORÉ. *Placas de sinalização de obras e outros tipos de placas*. [S. l.]: Coelho Aimoré, [2015]. Disponível em: <http://aimore.net/placas/placas_obras_aimore.html>. Acesso em: 13 out. 2015.

CONFEDERAÇÃO NACIONAL DA INDÚSTRIA. Retratos da sociedade brasileira: mobilidade urbana. *Indicadores CNI*, ano 5, n. 27, p. 1-9, set. 2015.

CONFEDERAÇÃO NACIONAL DO TRANSPORTE. *Modal dutoviário carece de investimentos para se tornar mais utilizado no país*. Brasília: CNT, 2012. Disponível em: <http://www.cnt.org.br/Paginas/Agencia_Noticia.aspx?n=8413>. Acesso em: 21 nov. 2015.

CONFEDERAÇÃO NACIONAL DOS TRANSPORTES. *Acidentes de trânsito custam cerca de R$ 40 bilhões, por ano, ao Brasil*. Brasília: CNT, 2015. Disponível em: <http://www.cnt.org.br/Paginas/Agencia_Noticia.aspx?noticia=brasil-perde--cerca-de-40-bilhoes-de-reais-por-ano-com-acidentes-cnt>. Acesso em: 30 set. 2015.

CONSELHO NACIONAL DE TRÂNSITO. *Portaria nº 407, de 27 de abril de 2011*. Cartilha de aplicação de recursos arrecadados com a cobrança de multas de trânsito. Brasília: Contran, 2011.

CONSELHO NACIONAL DE TRÂNSITO. *Resolução nº 160, de 22 de abril de 2004*. Aprova o Anexo II do Código de Trânsito Brasileiro. Brasília: Contran, 2004.

CONSELHO NACIONAL DE TRÂNSITO. *Sinalização horizontal*. Brasília: Contran, 2007c. (Manual Brasileiro de Sinalização de Trânsito, v. 4).

CONSELHO NACIONAL DE TRÂNSITO. *Sinalização vertical de advertência*. Brasília: Contran, 2007b. (Manual Brasileiro de Sinalização de Trânsito, v. 2).

CONSELHO NACIONAL DE TRÂNSITO. *Sinalização vertical de indicação*. Brasília: Contran, 2014. (Manual Brasileiro de Sinalização de Trânsito, v. 3).

CONSELHO NACIONAL DE TRÂNSITO. *Sinalização vertical de regulamentação*. 2. ed. Brasília: Contran, 2007a. (Manual Brasileiro de Sinalização de Trânsito, v. 1).

DEPARTAMENTO AUTÔNOMO DE ESTRADAS DE RODAGEM. *Mapa rodoviário 2014*. Porto Alegre: DAER, 2014. Disponível em: <http://www.daer.rs.gov.br/site/forca_download.php?arquivo=arquivos/sistemas/arquivo23_315.pdf>. Acesso em: 22 nov. 2014.

DEPARTAMENTO AUTÔNOMO DE ESTRADAS DE RODAGEM. *Normas de projeto de rodovias*. Porto Alegre: DAER, 1991.

DEPARTAMENTO ESTADUAL DE TRÂNSITO RO. *Ruído de trânsito um vilão que ninguém presta atenção*. Porto Velho: DETRANRO, 2015. Disponível em: <http://www.detran.ro.gov.br/2015/04/ruido-de-transito-um-vilao-que-ninguem-presta-atencao>. Acesso em: 1 out. 2015.

DEPARTAMENTO NACIONAL DE ESTRADAS DE RODAGEM. *Manual de projeto geométrico de rodovias rurais*. Rio de Janeiro: DNER, 1999.

DEPARTAMENTO NACIONAL DE INFRAESTRUTURA DE TRANSPORTES. *Manual de projeto de interseções*. 2. ed. Rio de Janeiro: DNIT, 2005.

DEPARTAMENTO NACIONAL DE INFRAESTRUTURA DE TRANSPORTES. *Manual de projeto de travessias urbanas*. Rio de Janeiro: DNIT, 2010.

DEPARTAMENTO NACIONAL DE INFRAESTRUTURA TERRESTRE. *Nomenclatura das rodovias federais*. Brasília: DNIT, 2015a. Disponível em: <http://www.dnit.gov.br/rodovias/rodovias-federais/nomeclatura-das-rodovias-federais>. Acesso em: 22 ago. 2015.

DEPARTAMENTO NACIONAL DE INFRAESTRUTURA TERRESTRE. *Sistema nacional de viação*. SNV 2015 – Atualizado até 30/03/2015. Brasília: DNIT, 2015b. Disponível em: <http://www.dnit.gov.br/sistema-nacional-de-viacao/snv-2014-1>. Acesso em: 13 nov. 2015

DEPARTAMENTO NACIONAL DE TRÂNSITO. *Frota nacional (maio de 2015)*. Brasília: DENATRAN, 2015. Disponível em: <www.denatran.gov.br/frota2015.htm>. Acesso em: 28 jul. 2015.

EMPRESA DE TRENS URBANOS DE PORTO ALEGRE S.A. *Conexão metrô-aeroporto*. Porto Alegre: TRENSURB, 2014. Disponível em: <http://www.trensurb.gov.br/paginas/galeria_projetos_detalhes.php?codigo_sitemap=87>. Acesso em: 22 out. 2015.

FARIELLO, D. No Brasil, governo tem três modelos de contratação para obras públicas. *O Globo*, 14 maio 2015. Disponível em: <http://oglobo.globo.com/economia/infraestrutura/no-brasil-governo-tem-tres-modelos-de-contratacao-para-obras-publicas-16152698>. Acesso em: 4 nov. 2015.

FREITAS JUNIOR, M. E.; ARAUJO, A. M. *Considerações a respeito do sistema monotrilho*: características técnicas, vantagens & desvantagens e projetos em andamento. São Paulo: FATEC Zona Sul, 2014. Disponível em: <http://www.fatecguaratingueta.edu.br/fateclog/artigos/Artigo_50.PDF>. Acesso em: 22 nov. 2015.

GROTZINGER, J.; JORDAN, T. *Para entender a terra*. 6. ed. Porto Alegre: Bookman, 2013.

INSTITUTO BRASILEIRO DE GEOGRAFIA E ESTATÍSTICA. *Estimativas populacionais para os municípios brasileiros em 01.07.2014*. Rio de Janeiro: IBGE, 2014. Disponível em: <http://www.ibge.gov.br/home/estatistica/populacao/estimativa2014/estimativa_dou.shtm>. Acesso em: 28 jul. 2015.

MAGALHÃES, C. G. *A influência da comunicação digital na mobilidade urbana*. 2014. 114 f. Dissertação (Mestrado em Engenharia de Produção) – Programa de Pós-Graduação em Engenharia de Produção, Universidade Federal do Rio Grande do Sul, Porto Alegre, 2014.

MONTEIRO, A.; ROSATI, C. Primeiro monotrilho do país será inaugurado hoje em São Paulo. *Folha de S. Paulo*, 30 ago. 2014. Disponível em: <http://www1.folha.uol.com.br/cotidiano/2014/08/1508434-primeiro-monotrilho-do-pais-sera-inaugurado-hoje-em-sao-paulo.shtml>. Acesso em: 21 out. 2015.

PEREIRA, D. M. et al. *Introdução aos sistemas de transportes e à engenharia de tráfego*. Curitiba: Universidade Federal do Paraná, 2007. Apostila da disciplina TT401 Transportes "A".

PONTES FILHO G. *Estradas de rodagem*: projeto geométrico. São Carlos: Glauco Pontes Filho, 1998.

PORTO ALEGRE. *Lei Complementar nº 646, de 22 de julho de 2010*. Altera e inclui dispositivos, figuras e anexos na Lei Complementar nº 434, de 1º de dezembro de 1999 – Plano Diretor de Desenvolvimento Urbano Ambiental de Porto Alegre (PDDUA) –, e alterações posteriores, e dá outras providências. Porto Alegre: PMPA, 2010a. Disponível em: <http://www2.portoalegre.rs.gov.br/netahtml/sirel/atos/646%20rep-PDDUA>. Acesso em: 22 nov. 2015.

PORTO ALEGRE. Prefeitura Municipal de Porto Alegre. Secretaria do Planejamento Municipal. *PDDUA*: Plano diretor de desenvolvimento urbano e ambiental de Porto Alegre. Porto Alegre: PMPA, 2010b.

PORTO, T. G. *PTR 2501 Ferrovias*. São Paulo: Escola Politécnica da Universidade de São Paulo USP, 2014.

ROUSSEAU, P. *História da velocidade*. Lisboa: Publicações Europa – América, 1946.

SÃO CARLOS AGORA. *Passagens em nível sobre linha férrea já operam com alerta luminoso*. São Carlos: São Carlos Agora, 2011. Disponível em: <http://www.saocarlosagora.com.br/cidade/noticia/2011/01/14/14410/passagens-em-nivel-sobre-linha-ferrea-ja-operam-com-alerta-luminoso/>. Acesso em: 22 nov. 2015.

SÃO PAULO. Prefeitura da Cidade de São Paulo. Secretaria de Transporte. *Cronologia do transporte coletivo em São Paulo*: 1865-2006. São Paulo: SPTrans, 2006.

TAVARES, V. B. *Estações BRT*: análise das características e componentes para sua qualificação. 2015. 111 f. Trabalho de Conclusão de Curso (Graduação em Engenharia Civil) – Escola de Engenharia, Universidade Federal do Rio Grande do Sul, Porto Alegre, 2015.

ULMA. *Guarulhos airport in Brazil*. Oñati: ULMA, 2012. Disponível em: <http://www.ulmaarchitectural.com/en/drainage-channels/projects/guarulhos-airport-in-brazil/>. Acesso em: 23 nov. 2015.

U.S. DEPARTMENT OF TRANSPORTATION. FEDERAL HIGHWAY ADMINISTRATION. *Manual on uniform traffic control devices for streets and highways*. Washington: FHA, 2003. Part 2, Signs.

U.S. DEPARTMENT OF TRANSPORTATION. FEDERAL HIGHWAY ADMINISTRATION. *Pedestrian facilities users guide*: providing safety and mobility. Washington: FHA, 2002.

VASCONCELLOS, E. A. *Transporte e meio ambiente*: conceitos e informações para análise de impactos. São Paulo: Ed. do Autor, 2006.

Índice

Números de página seguidos de *f* referem-se a figuras, *q* a quadros e *t* a tabelas

B
Bicicletários, 96
Bitola, 74
Bus Rapid Transit (BRT), 99

C
Carroças, 14
Ciclofaixas, 95
Ciclovias, 94
Classificação administrativa (rodovias), 64, 68, 72f
   exemplos de rodovias de acordo com a, 71q
   ordem, 69
   posição geográfica, 69
   rodovias de ligação, 70
   rodovias diagonais, 70, 72f
      diagonais orientadas na direção geral NE-SO, 70
      diagonais orientadas na direção geral NO-SE, 70
   rodovias longitudinais, 69, 72f
   rodovias radiais, 69, 72f
   rodovias transversais, 69, 72f
Classificação de acordo com o Código de Trânsito Brasileiro (vias de transporte urbano), 86, 87q
Classificação do transporte tubular (tubovias ou dutovias), 80q
Classificação funcional (rodovias), 64, 65
   acessibilidade, 65
   classificação de rodovias de acordo com a, 65q
   conflito de uso, 65
   esquema de classificação funcional e linhas de desejo, 66f
   mobilidade, 65
Classificação funcional (vias de transporte urbano), 87
   sistema arterial principal, 88
      vias arteriais primárias, 88
   sistema arterial secundário, 88
   sistema coletor, 89
   sistema local, 89
   sistema viário de Porto Alegre, 90q
Classificação quanto à bitola (ferrovias), 74
   ibérica, 74
   internacional ou padrão, 74
   irlandesa, 74
   métrica, 74
Classificação quanto à classe de serviço (ferrovias), 74
   classe 1, 74
   classe 2, 74
   classe 3, 74
   classe 4, 74
   classe 5, 74
Classificação quanto à densidade de tráfego (ferrovias), 76, 77t
Classificação quanto à jurisdição (rodovias), 64, 68
   classificação das rodovias segundo a, 69q
   rodovias vicinais, 68
Classificação quanto à importância (ferrovias), 74, 75q
Classificação quanto à nomenclatura (ferrovias), 75
   ferrovias de ligação, 76
   ferrovias diagonais, 75
   ferrovias longitudinais, 75
   ferrovias radiais, 75
   ferrovias transversais, 75
Classificação técnica (rodovias), 64, 66
   características básicas para o projeto geométrico de rodovias, 66t
   classe 0, 66
   classe I-A, 67
   classe I-B, 67
   classe II, 68
   classe III, 68
   classe IV, 68
   rodovia classe 0, 67f
Condicionantes (estudo de traçado), 39
   físicas, 40
      ecossistema, 41
      geologia, 40
      hidrologia, 41

repulsão, 41
topografia, 40
socioeconômicas, 41
aglomerados, 42
atração no traçado, 42, 42f
cidades, 42
desapropriações, 42
indústria limpa, 41
terminal rodo-hidro-ferroviário, 42
turismo, 41
uso do solo, 41
vilas, 42
Contratação, *ver* Planejamento, contratação e fontes de recursos
Corpo estradal, 49

D

Diretriz de traçado, perfil longitudinal da, *ver* Perfil longitudinal da diretriz de traçado
Dutovias, 79

E

Elevadores, 162
Encosta ou vertente, 34
Escadas e esteiras rolantes, 159
Estação, terminal e integração, 169-177
estações, 170
integração entre modalidades, 173
terminais, 171
ver também Integração entre modalidades
ver também Terminais

F

Ferrovias, 21
de ligação, 76
diagonais, 75
longitudinais, 75
no Brasil, 21
tipos de classificação, 74-77
Fontes de recursos, *ver* Planejamento, contratação e fontes de recursos

G

Grota, 36

I

Integração entre modalidades, *ver* Estação, terminal e integração
física, 173
no Brasil, exemplos de, 175
tarifária, 174

Interseções em desnível (vias de transporte), 113
diamante convencional, 115, 116f
diamante simples, 115, 116f
interconexão trombeta, 114, 115f
interconexões em "t", 114
trevos, 116
completos, 116, 117f
parciais, 116
Interseções em nível (vias de transporte), 111
interseções de quatro ramos, 112, 113f
interseções de três ramos, 111, 112f
rotatória, 112, 113f
rótula, 112
Interseções rodoferroviárias (vias de transporte), 116
sinalização de advertência de cruzamento, 118f

M

Meio ambiente, *ver* Vias de transporte e meio ambiente
Mobilidade virtual, 163
Modalidades de transporte, 5
aéreo, 5
aquático, 5
terrestre, 5
tubular, 5
Monotrilho, 157

O

Ônibus, transporte coletivo público, 98
Outras vias de transporte, 155-167
elevadores, 162
escadas e esteiras rolantes, 159
comparativo entre escadas tradicionais e rolantes, 160f
desvantagens, 161q
vantagens, 161q
mobilidade virtual, 163
monotrilho, 157
desvantagens, 158q
ilustração de projeto de, 158f
vantagens, 158q
teleférico, 156

P

Paraciclos, 96
Perfil longitudinal da diretriz de traçado, 49-61
comparação de traçados, 58
comprimento real, 59

Índice **197**

comprimento virtual, 58
corpo estradal, 49
etapas realizadas, 51
  aclives, 51, 52f
  declives, 51, 52f
  descidas, 51
  montagem do perfil do projeto, 51
  ponto de interseção vertical, 52
  subidas, 51
lançamento de rampas, 52
  aterro, 52
  classe de projeto, 53
  corte, 52
  custos, 53
  definição dos pontos de interseção vertical, 57
  rampas consecutivas, 52f
  recomendações, 53
  relevo, 53
terreno natural, 50, 51f
Pistas compartilhadas, 93
Planejamento, contratação e fontes de recursos, 179-189
  contratação de obras e serviços, 181
    lei nº 8.666 de 21 de junho de 1993, 182
    modalidades de licitação, 183q
    possibilidade de contratação por carta-convite, 182
    regime diferenciado de contratação (RDC), 182
    valores e limites por modalidade de licitação, 183t
  definição das fontes de recursos, 184
    contribuição de intervenção no domínio econômico (CIDE), 185
    multas por infrações de trânsito, 187
    operações de crédito, 184
    pedágios, 186
    receitas próprias dos órgãos, 187
  planejamento das ações, 180
Poluição, 123
  da água e do solo, 126
  do ar, 124
Principais impactos negativos (vias de transporte e meio ambiente), 123
  acidentes, 123, 124f
  congestionamento ou engarrafamento, 128
    consumo de energia, 129
    perda de tempo, 128
    poluição do ar, 129
  intrusão visual, 129

poluição, 123
poluição da água e do solo, 126
  efeitos da poluição da água, 127f
  formas de poluição, 126q
poluição do ar, 124
principais agentes poluidores, 125q
ruídos, 126, 127f
  efeitos, 128t
segregação urbana, 129
vibrações, 129

Q
Quilometragem das rodovias (vias de transporte), 70
  rodovias de ligação, 71
  rodovias diagonais, 71
  rodovias longitudinais, 70
  rodovias radiais, 70
  rodovias transversais, 71

R
Rampas, lançamento de, 52
  aterro, 52
  classe de projeto, 53
  corte, 52
  custos, 53
  definição dos pontos de interseção vertical, 57
    lançamento de rampas e posição dos PIVs, 58f
  rampas consecutivas, 52f
  recomendações, 53
    ampla visibilidade, 56
    aterro sobre solos moles, 54f
    concavidade com acumulação de água, 54f
    conforto dos usuários, 56
    cortes e aterros altos, 55
    cuidados com os bueiros, 55
    curvas côncavas em cortes, 54
    horizontes rochosos, 55
    minimização das inclinações, 53
    otimização dos volumes, 55
    perfil longitudinal de uma diretriz de traçado, 57f
    pontos de passagem obrigatória, 56
    rampa máxima, 53
    rampa mínima, 53
    terrenos alagadiços, 54
  relevo, 53

Relevo, partes do, 34
  bacia (de drenagem ou hidrográfica), 37
    traçado sobre uma bacia, 38f
  contraforte, 38
    caracol, 38
    configuração de um, 39f
    traçado sinuoso, 38, 39f
  divisor de águas, 35, 37f
  encosta, 34
    escoamento das águas, 35f
    traçado de meia-costa, 35, 35f
  garganta (colo ou sela), 38
    traçado sobre uma, 40f
  grota, 36
    matas ciliares, 37
  talvegue, 36, 37f
  traçado e possibilidades de escorregamentos, 35f
Rodovias, 19
  de ligação, 70, 71
  diagonais, 70, 71, 72f
  longitudinais, 69, 70, 72f
  no Brasil, 19
    demonstrativo da situação, 20t
    gráfico comparativo das situações, 20f
    participação de veículos na frota brasileira, 21t
  radiais, 69, 70, 72f
  transversais, 69, 71, 72f
  vicinais, 68
Rotatória, 112, 113f
Rótula, 112

S
Sinalização com dispositivos auxiliares, 150, 151q
Sinalização de obras, 148, 150q
Sinalização horizontal, 145
  inscrições no pavimento, 147, 149q, 149f
  marcas longitudinais, 146, 146q, 146f
  marcas transversais, 147, 147q, 148f
  utilização de cores na, 145q
Sinalização vertical, 137
  placa bem posicionada no campo visual do condutor, 138f
  placas de advertência, 138, 140q
  placas de indicação, 140
    atrativos turísticos, 143, 144f
    educativas, 142, 143f
    identificação, 141, 141f
    orientação de destino, 142, 142f
    postos de fiscalização, 144, 144f
    serviços auxiliares, 143, 143f
  placas de regulamentação, 138, 139q
Sinalização viária, noções de, 135-154
  acidente, 136
  legislação, 136
  responsabilidades relativas à sinalização de trânsito, 137q
  tipos, 137
    sinalização com dispositivos auxiliares, 150, 151q
    sinalização de obras, 148, 150q
    sinalização horizontal, 145
    sinalização vertical, 137
Sistema de transporte, 4
  estações, 4
  meio ambiente, 4
  operações do sistema, 4
  rodovia pavimentada, 5f
  síntese ilustrada de um, 6f
  terminais, 4
  usuários, 4
  veículos, 4
  vias, 4

T
Talvegue, 36, 37f
Teleférico, 156
Terminais, *ver* Estação, terminal e integração
  aeroportuários, 172
  de carga, 172
  de passageiros, 172
  de ponta, 172
  ferroviários, 172
  gargalo logístico, 172
  gerais, 172
  intermediários, 172
  portuários, 172
  rodoviários, 172
  terminais multimodais, 172
  tipológicos, 172
Traçado viário, 25-47
  diretriz de traçado, 26, 26f
  estudo de traçado, 26
  estudo de traçado, aspectos a considerar, 32
    condicionantes, 39
    declividade das linhas do terreno, 32
    declividade do segmento AB, 33f

inclinação, 32
   linha de maior declividade (LMD), 33
   partes do relevo, 34
   quociente simplificado, 32
   valor do ângulo horizontal, 32
 estudo de traçado, etapas da, 29
   exploração, 30
   reconhecimento, 30
 forma do traçado, 43
   traçado curvilíneo da modernidade, 44
     escola moderna, 44
     traçado fluente, 44
   traçado curvilíneo *versus* traçado
     retilíneo, 45f
   traçado retilíneo nos primórdios, 43
     Escola Clássica de Traçado, 44
 relevo terrestre, 27
   forças externas, 27
   forças internas, 27
   modelagem da superfície, 27f
 representação plana, 28
   cota, 28
   curvas de nível, 28
   depressão, 28
   elevação, 28
   posição altimétrica, 28
   projeção horizontal, 28
   relevos representados por curvas de
     nível, 29f
   superposição de planos de mesma cota,
     29f
Transporte aéreo, 15
Transporte aquático, 14
Transporte ferroviário, 14
Transporte rodoviário, 15
Trevos, 116
Tubovias, 79

V
Vias de transporte, classificação das, 63-83
  ferrovias, 72
    classificação quanto à bitola, 74
    classificação quanto à classe de serviço,
      74
    classificação quanto à densidade de
      tráfego, 76, 77t
    classificação quanto à importância, 74,
      75q
    classificação quanto à nomenclatura, 75
    estrada de ferro, 72
    via férrea, 72
    via férrea com três "linhas", 73f
  hidrovias e vias navegáveis, 76
    hidrovia classe A, 77
    hidrovia classe B, 77
    hidrovia interior, 77
    via navegável interior, 77
  linhas aéreas, 78
    internacionais, 78
    nacionais, 78
  rodovias, 64
    classificação administrativa, 64, 68, 72f
    classificação funcional, 64, 65
    classificação quanto à jurisdição, 64, 68
    classificação técnica, 64, 66
    estrada, 64
    quilometragem das rodovias, 70
    rodovia, 64
    via rural, 64
  tubovias ou dutovias, 79
    classificações do transporte tubular, 80q
Vias de transporte e meio ambiente, 121-133
  ajudando a melhorar o meio ambiente, 130
    ande mais de bicicleta, 131
    caminhe até seu destino, 131
    construa e conserve calçadas mais
      adequadas, 131
    eduque seus filhos, 131
    exija melhor planejamento dos
      transportes, 131
    exija melhores padrões de emissões de
      combustível, 131
    instrumentos de avaliação dos impactos
      por um projeto de obra, 131q
    more perto de seu local de trabalho ou
      trabalhe em casa, 131
    planeje seu trajeto com antecedência,
      131
    planeje suas férias, 131
    utilize ônibus, 131
    utilize um veículo revisado e regulado,
      130
  impactos, 122
    negativos, 123
    positivos, 122, 122q
  mitigando os impactos, 130
    medidas compensatórias, 130
    medidas maximizadoras, 130
    medidas mitigadoras, 130
Vias de transporte, estudo da, 1-12
  aéreo, 7

aquaviário, 7
cálculo do tempo de deslocamento, 10
características, 3
definição, 2
dutoviário ou tubular, 8
ferroviário, 7
fluxos de bens, 3
importância, 2
infraestrutura de, 8
modalidades, 5, 9f
multimodal, 6
na idade média, exemplo de, 2f
rede viária, 10
rede viária na Região Sul do Rio Grande do Sul, 11f
rodoviário, 6
sistema de, 4
unimodal, 6
veículos típicos, 9f
Vias de transporte, evolução da, 13-24
  meios de transporte, história do deslocamento, 14
    depois da invenção da roda, 14
    evolução da produção, 14
  vias de transporte, história do deslocamento, 16
    dias de hoje, 19
      ferrovias, 21
      rodovias, 19
    ferrovias, importância pioneira das, 17
    marcos dos primórdios da história das, 16
    necessidade de vias trafegáveis, 16
    no Brasil, 18
    rodovias, grande expansão das, 17
Vias de transporte, interseções entre, 107-120
  conceitos relacionados, 108
    conflitos em uma interseção em "T", 111f
    conflitos, 110
    cruzamento com 32 conflitos, 110f
    movimentos, 108, 109q
    tipos de movimentos do tráfego, 109f
  tipos, 111
    interseções em desnível, 113
    interseções em nível, 111
    interseções rodoferroviárias, 116
Vias de transporte urbano, 85-106
  formas de classificação, 86
    classificação de acordo com o Código de Trânsito Brasileiro, 86, 87q
    classificação funcional, 87
  perfil transversal, 90
    gabaritos de vias urbanas, 91f
  vias para bicicletas, 92
    bicicleta, desvantagens da, 92q
    bicicleta, espaço para a, 93f
    bicicleta, vantagens da, 92q
    bicicletários e paraciclos, 96
    ciclofaixas, 95
    ciclovias, 94
      proposta de seção transversal, 95f
    pistas compartilhadas, 93
  vias para ônibus, 98
    Bus Rapid Transit (BRT), 99
    faixas exclusivas, 100
    pistas exclusivas, 99
    transporte coletivo público, 98
  vias para pedestre, 101
    passeios, 103
  vias urbanas, 86